U0673266

中 等 职 业 教 育 教

数控车削编程与加工

张克强　主　编

王林峰　何坚锋　梁毅栋　副主编

化学工业出版社

·北京·

内 容 简 介

本书将课程内容细分为六大学习情境，主要包括数控车床操作、阶梯轴零件的加工、轴类圆弧件的加工、综合类零件的加工、成形面零件的加工与配合件的加工。本书是以项目为引领，以任务为驱动的"教学做评一体化"教材，通过设置资讯、决策、计划、实施、检查与评估等环节，让学生更好地理解和应用所学知识。

本书可作为中等职业院校、技工学校数控、模具和机械制造等专业理实一体化课程教材，也可供相关工程技术人员参考使用。

图书在版编目（CIP）数据

数控车削编程与加工 / 张克强主编. -- 北京：化学工业出版社，2025.7. --（中等职业教育教材）.

ISBN 978-7-122-48136-8

Ⅰ．TG519.1

中国国家版本馆 CIP 数据核字第 2025EU1380 号

责任编辑：杨　琪　葛瑞祎　　　　　文字编辑：宋　旋
责任校对：李雨函　　　　　　　　　装帧设计：张　辉

出版发行：化学工业出版社
　　　　　（北京市东城区青年湖南街 13 号　邮政编码 100011）
印　　装：大厂回族自治县聚鑫印刷有限责任公司
787mm×1092mm　1/16　印张 6½　字数 115 千字
2025 年 7 月北京第 1 版第 1 次印刷

购书咨询：010-64518888　　　　　　售后服务：010-64518899
网　　址：http://www.cip.com.cn
凡购买本书，如有缺损质量问题，本社销售中心负责调换。

定　　价：25.00 元　　　　　　　　版权所有　违者必究

前　言

当前我国智能制造技术迅速发展，对数控专业技能人才的培养提出了全新的、更高的要求。数控车削编程与加工作为数控专业核心课程，需要培养学生的编程能力、操作技能和工程素养，为后续课程学习和职业发展奠定基础，其教学质量对学生的专业素养培养有着关键影响。不少传统的数控车削教材存在理论与实践脱节、内容滞后等问题，难以满足教学需求，编写一本适应当前数控车削岗位工作能力要求、工学一体的教材显得尤为重要。

本教材以一体化教学理念为指导，将理论知识与实践操作紧密结合。全书选取 6 个典型的数控车削学习情境，内容涵盖了数控车削各类典型零件的编程、加工等相关知识，每个学习情境以"资讯—决策—计划—实施—检验与评估"为主线，辅以阶梯式实操项目（如阶梯轴、轴类圆弧件、综合类零件、成型面零件、配合工件等），引导学生循序渐进学习，培养学生数控车削课程实操技能和解决实际问题的能力。

本教材适用于中等职业院校、技工院校数控、模具和机械制造专业，也可供工程技术人员学习参考使用。本教材由新昌技师学院张克强主编，由新昌技师学院王林峰、何坚锋、梁毅栋副主编，中优智能科技有限公司肖勇、欧阳兆升参与编写。

希望本教材能为数控车削课程教学助力，为培养高素质的数控技术技能人才贡献力量。由于编者水平有限，教材中难免存在不足之处，恳请广大读者批评指正。

编　者

目 录

学习情境三　轴类圆弧件的加工　　32

学习情境四　综合类零件的加工　　43

附　录　　85

学习情境一
数控车床操作

概述：本情境旨在就数控技术的相关概念与知识点做概括性介绍，使学生对数控方面的知识有个初步的理解。

课程目标	目标内容
学习目标	1. 认识数控车床及其典型系统的结构与组成 2. 理解数控车床操作面板上的图符含义,并学会使用 3. 理解数控车床坐标系 4. 理解试切对刀的方法和原理 5. 熟悉数控车床的维护保养内容、机床安全操作规程与 8S 管理知识
思政目标	通过掌握机床操作的基本原理和方法,规范使用工具、量具,深刻理解规范安全操作机床对零件加工的意义,提升规范意识,树立高质量加工意识,弘扬一丝不苟、精益求精的大国工匠精神
能力目标	初步掌握数控车床的基本操作和对刀;学会如何维护保养机床;学习 8S 管理知识

【资讯】 数控车床概论

一、知识准备

在学习编程知识前，我们首先对数控技术方面的知识做初步的了解，典型数控车床如图 1-1 所示。

图 1-1　数控车床

1. 数控技术

即数字控制技术（Numerical Control，NC），简称数控。简单地说，是指用数字、文字和符号组成的数字指令来实现一台或多台机械设备的动作控制的技术。由于数控中的控制信息是数字化信息，而处理这些信息离不开计算机，因此数控技术也就是指采用计算机实现数字程序控制的技术。而本书所讲的数控，特指用于机床加工中的数控（即机床数控）。

2. 数控系统

数控系统是数字控制系统的简称，英文名称为（Numerical Control System），是根据计算机存储器中存储的控制程序，执行部分或全部数值控制功能，并配有接口电路和伺服驱动装置的专用计算机系统。它所控制的通常是位置、角度、速度等机械量和开关量。

常用的数控系统厂家有发那科、西门子、三菱、广数、华中等。

3. 数控机床

数控机床是一种通过数字信息控制机床按给定的运动规律进行自动加工的机电一体化加工装备。数控机床由控制介质（加工程序载体）、数控装置（Computer Numerical Controler，简称 CNC）、伺服系统和机床本体（包括主轴箱、进给传动机构、工作台、刀座等）等部分组成。用户编辑的零件程序经过控制介质输入、CNC 处理后，发出运动指令和控制指令，运动指令通过电机驱动装置驱动机床的进给运动，控制指令实现主轴启停、刀具选择、冷却、润滑等控制。通过刀具和工件的相对运动，实现零件的切削加工。

4. 数控车床

数控车床与普通车床最明显的区别：数控车床可以按事先编制的加工程序自动地对工件进行加工。数控车床是采用计算机实现数字程序控制的技术。这种技术用计算机按事先存储的控制程序来执行对设备的控制功能。由于采用计算机替代原先用硬件逻辑电路组成的数控装置，输入数据的存储、处理、运算、逻辑判断等各种控制功能的实现，均可通过计算机软件来完成。

二、数控车床的特点

数控车床的外形与普通车床相似，即由床身、主轴箱、刀架、进给系统、液压系统、冷却和润滑系统等部分组成。数控车床的进给系统与普通车床有质的区别，传统普通车床有进给箱和交换齿轮架，而数控车床直接用伺服电机通过滚珠丝杠驱动溜板和刀架实现进给运动，因而进给系统的结构大为简化。

数控机床的操作和监控全部在数控机床的控制单元中完成，它是数控机床的大脑。与普通机床相比，数控机床有如下特点：

① 加工精度高，具有稳定的加工质量；

② 可进行多坐标的联动，能加工形状复杂的零件；

③ 加工零件改变时，一般只需要更改数控程序，可节省生产准备时间；

④ 机床本身的精度高、刚性大，可选择有利的加工用量，生产率高（一般为普通机床的 3～5 倍）；

⑤ 机床自动化程度高，可以减轻劳动强度；

⑥ 对操作人员的素质要求较高，对维修人员的技术要求更高。

三、数控车床的用途

数控车床主要用于加工各种轴类、盘类零件，可以车削各种螺纹、圆弧、圆锥及回转体的内外曲面，能够满足黑色金属及有色金属材料高速切削的速度需求，适合于水暖器材、阀门、电器、仪表、汽车、摩托车、轴承等行业的零件的加工，具有高速、高效、高可靠性，加工零件一致性好、受人为因素影响小等优点。加工精度可达到 IT6～IT7 级。

【决策】 操作面板与坐标系

一、输入和操作面板

FANUC 0i-TF 输入面板如图 1-2 所示,操作面板如图 1-3 所示,介绍见表 1-1。

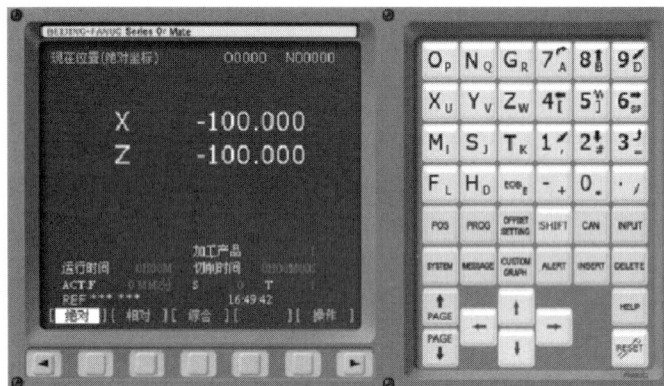

图 1-2 FANUC 0i-TF 输入面板

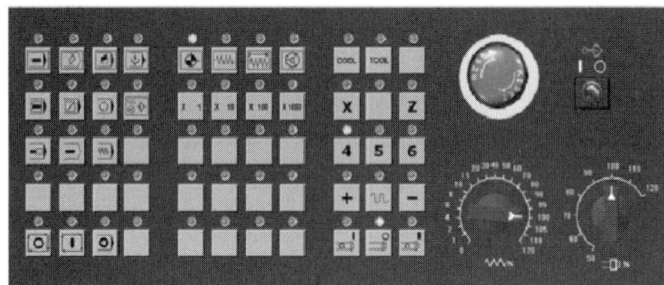

图 1-3 FANUC 0i-TF 操作面板

表 1-1 FANUC 0i-TF 数控车床面板介绍

图形符号	名称	用途
CUSTOM GRAPH	图形参数设置功能键	进入图形参数设置页面
SYSTEM	系统参数功能键	进入系统参数页面
RESET	复位键	系统复位

图形符号	名称	用途
MESSAGE	机床信息	显示机床信息页面,如"报警"
HELP	系统帮助页面	进入系统帮助页面
↑PAGE	翻页按钮	向上翻页
PAGE↓	翻页按钮	向下翻页
↑	光标移动	向上移动光标
↓	光标移动	向下移动光标
←	光标移动	向左移动光标
→	光标移动	向右移动光标
INPUT	输入键	把输入域内的数据输入参数页面或者输入一个外部的数控程序
AUTO	AUTO	进入自动加工模式
EDIT	EDIT	用于直接通过操作面板输入数控程序和编辑程序
MDI	MDI	手动数据输入

图形符号	名称	用途
	INC	增量进给
	手轮	手轮方式移动台面或刀具
	JOG	手动方式移动台面或者刀具
	DNC	数控程序文件传输
	REF	回参考点
	程序运行开始	模式选择旋钮在"AUTO"和"MDI"位置时按下有效,其余时间按下无效
	程序运行停止	在数控程序运行中,按下此按钮停止程序运行
	机床主轴手动控制开关	手动开机床主轴正转
	机床主轴手动控制开关	手动开机床主轴反转
	机床主轴手动控制开关	手动关机床主轴
	手动移动机床台面按钮	手动机床台面向 X 轴或 Z 轴方向移动

图形符号	名称	用途
X 1	单步进给量控制旋钮	手动台面时每一步的距离为 0.001mm
X 10	单步进给量控制旋钮	手动台面时每一步的距离为 0.01mm
X 100	单步进给量控制旋钮	手动台面时每一步的距离为 0.1mm
X 1000	单步进给量控制旋钮	手动台面时每一步的距离为 1mm
	单步执行开关	每次执行一条数控指令
	程序段跳读	自动方式按下此键,跳过程序段开头带有"/"的程序
	程序停	自动方式下,遇有 M00 程序停止
	机床空转	按下此键,各轴以固定的速度运动
COOL	冷却液开关	按下此键,冷却液开
TOOL	刀库中选刀	按下此键,从刀库中选刀
	程序编辑开关	置于"ON"位置,可编程序

续表

图形符号	名称	用途
	程序重启动	由刀具破损等原因自动停止后，程序可以从指定的程序段重新启动
	程序锁开关	按下此键，机床各轴被锁住
	进给速度(F)调节旋钮	调节数控程序运行中的进给速度，调节范围为 0～150%
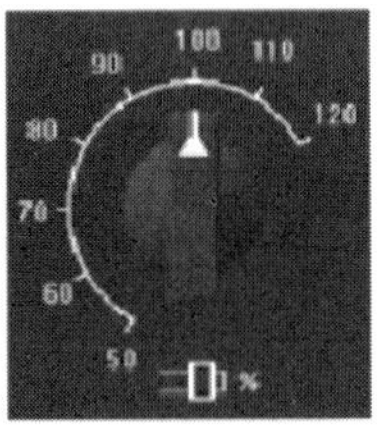	主轴速度(S)调节旋钮	调节主轴速度，速度调节范围为 0～120%
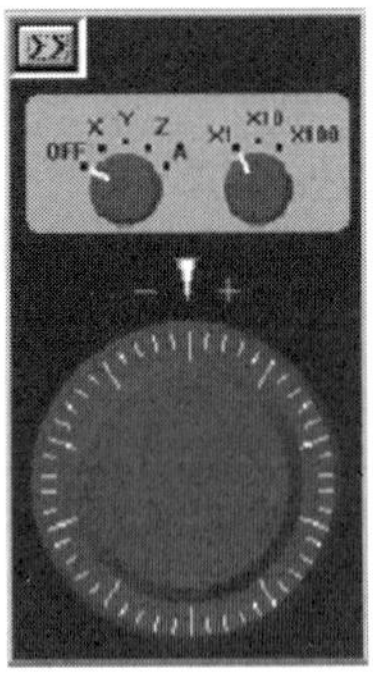	手脉	手轮顺时针转，刀架往正方向移动，手轮逆时针转，刀架往负方向移动

二、M、S、T指令码

1. S主轴功能

S主轴功能指令格式如下。

S_____；

主轴的转速，由字母S后面的数值指定，最大设定值是S999999。

例如：S1000是指主轴转速为 1000r/min。

2. T 刀具功能

T 刀具功能指令格式如下。

T _____；（4 位换刀码）

前两位表示刀架更换刀具选择的号码，后两位表示调用刀具补正组别号码。适用于转塔式刀架。

例如：

T0101 表示选择 1 号刀，调用 1 号刀具补正组别号码。

T0203 表示选择 2 号刀，调用 3 号刀具补正组别号码。

注意：T _____，必须单独存在于一个单节中，T0000 表示取消刀具补正。

3. M 辅助功能

M 辅助功能指令格式如下。

M _____；

辅助功能码，由字母 M 与附加的两位数字组成，简称 M-码。M-码范围是 00～99，不同的码代表不同的动作，见表 1-2。

表 1-2　辅助功能码

代　码	功　　能	代　码	功　　能
M00	程序暂停	M05	主轴停止
M01	选择性程序暂停	M08	冷却水开
M02	程序结束（光标停在程序当前位置）	M09	冷却水关
M30	程序结束（光标返回程序头）	M10	主轴夹头松开
M98	调用子程序	M11	主轴夹头夹紧
M99	子程序结束，或主程序重复执行	M15	工件个数计数器＋1
M03	主轴正转	M16	工件计数器清零
M04	主轴反转	M _____	使用者自定 M 码（PLC）

三、数控车床坐标系

机床坐标轴的方向定义为刀具相对工件运动的方向。增大刀具与工件距离的方向即为各坐标轴的正方向，如图 1-4 所示。

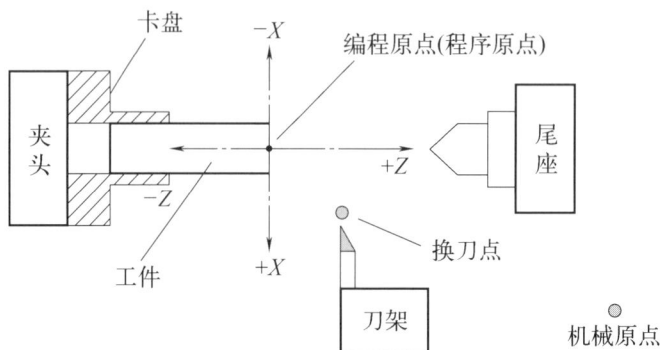

图 1-4　车床坐标轴

　　记忆性总结：平行主轴为 Z，垂直主轴为 X；接近工件为负向，离开工件为正向。

【计划】 工件装夹与刀具

一、工件装夹

单件生产的工件偏心安装时常采用找正装夹；用三爪自定心卡盘装夹较长的工件时，工件离卡盘夹持部分较远处的旋转中心不一定与车床主轴旋转中心重合，这时必须找正；当三爪自定心卡盘使用时间较长，已失去应有精度，而工件的加工精度要求又较高时，也需要找正。常见的三爪卡盘和四爪卡盘如图 1-5 所示。

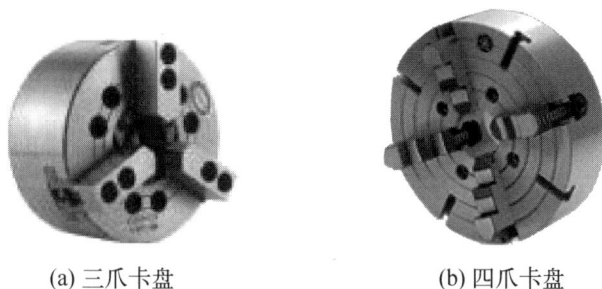

(a) 三爪卡盘   (b) 四爪卡盘

图 1-5 自定心卡盘

① 找正要求。找正装夹时必须将工件的加工表面回转轴线（同时也是工件坐标系 Z 轴）找正到与车床主轴回转中心重合。

② 找正方法。与在普通车床上找正工件相同，一般为打表找正。调整卡爪，使工件坐标系 Z 轴与车床主轴的回转中心重合。

二、常见刀具

常见刀具如图 1-6 所示。

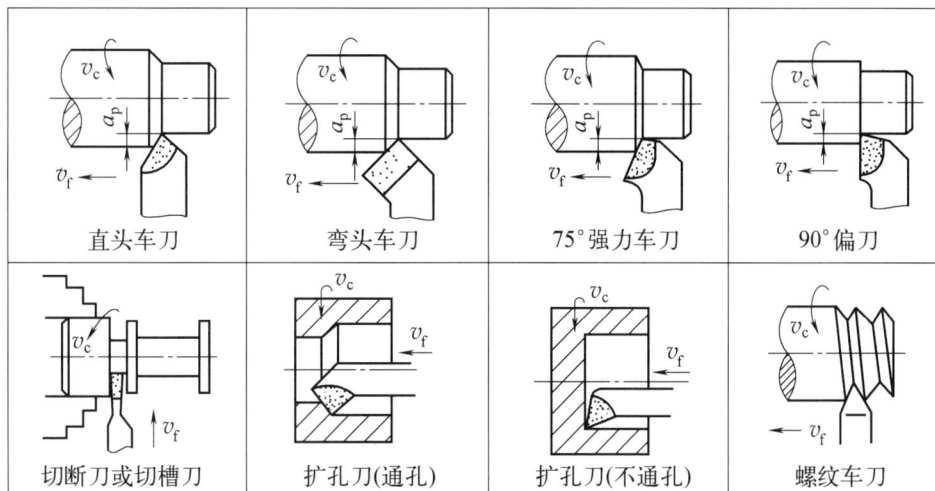

直头车刀	弯头车刀	75°强力车刀	90°偏刀
切断刀或切槽刀	扩孔刀(通孔)	扩孔刀(不通孔)	螺纹车刀

图 1-6 车刀分类

三、车刀组成

如图 1-7 所示，车刀是由刀头（切削部分）和刀柄（夹持部分）组成的，车刀的切削部分是由三面、二刃、一尖组成的。

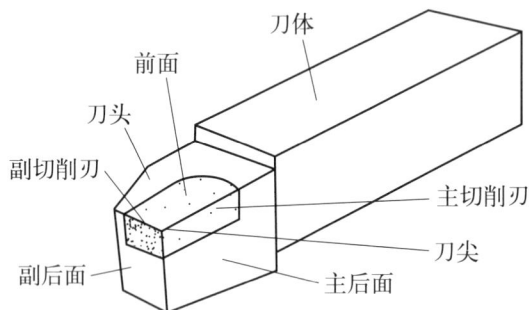

图 1-7　车刀组成

车刀的安装：

① 车刀刀尖应与工件轴线等高；

② 车刀不能伸出太长，车刀伸出长度应该控制在工件直径的 1/2 到 3/4 之间。

③ 垫刀片选择合理；

④ 车刀刀杆应与车床主轴轴线垂直；

⑤ 车刀位置装正后，应交替拧紧刀架螺钉。

【实施】　对　　刀

对刀过程中，应细心观看教师演示，聆听教师讲解，记录对刀操作步骤。

1 号刀对刀步骤如下。

① 回零。

按 [⊙] —按 ＋ X 轴 [+x] —按 （＿＿＿＿＿＿＿＿＿＿＿＿＿＿＿） [+z] —按 [✋]
（＿＿＿＿＿＿＿＿＿＿＿＿）—移动－X、－Z 轴。

② 按下 [⚙] 进行 ＿＿＿＿＿＿＿＿＿＿＿＿＿＿ 操作，调出 1 号刀具需要到达的
位置。

③ 试切端面。

按 [↻] （＿＿＿＿＿＿＿＿）—█—按 [刀补OFT] —按 [⬇]—把光标移到 001 号刀—在手
动方式或录入方式输入 Z ＿＿＿＿＿＿＿—按 [输入IN] （＿＿＿＿＿＿＿）—即可发现 Z
轴偏置值改变了 [Z 0.000 300]。

④ 试切外圆。

按 [↻] （＿＿＿＿＿＿＿）—█—将刀架移至安全位置，按下 [○]，让主轴
＿＿＿＿＿＿＿，测量试切段的直径值—按 [刀补OFT]—在手动方式或录入方式输入 X35
（X 外径测量数值）—按 [输入IN] （＿＿＿＿＿＿＿）—即可发现 X 轴偏置值改变
了 [X 0.000 438.467]。

思考　2 号刀该如何对刀？

【检验与评估】 数控系统操作及对刀考核

数控系统操作及对刀考核评价见表 1-3，评分见表 1-4。

表 1-3　评价表

序号	考核内容	考核标准	考核方式	所占分值	扣分内容	扣分	得分	考核人
1	学习态度	1. 迟到、早退：扣 1 分/次 2. 旷课、玩手机：扣 2 分/次 3. 违反实训纪律：扣 1 分/次/人	考勤课堂记录	10				小组互评
2	综合素质	1. 团队合作精神：1 分/次 2. 自我规划与评价：1 分/次 3. 安全意识：2 分/次 4. 责任心、成本意识：1 分/次 5. "精细化"质量意识：1 分/次 6. 规范操作意识：1 分/次 7. 爱护设备、公物：1 分/次 8. 场地卫生、设备清扫：2 分/次 9. 工具架物品摆放：1 分/次	课堂记录 操作过程记录	20				小组互评
3	任务考核	见表 1-4	现场操作	70				教师评价
4		合计		100				

学生姓名		班级		实训时间		年　月　日第　周		
工时				总耗时				
指导教师		教师评价						
						教师签名：		

表 1-4　评分表

姓名			班别			课程名称			
定额时间		分钟	完成日期			总得分			
序号	考核项目	考核内容及要求		配分	评分标准	检测结果	扣分	得分	备注
1	数控车床结构名称	开关		2	准确说出名称				
2		面板		2	准确说出名称				
3		刀架		2	准确说出名称				
4		卡盘		2	准确说出名称				
5		导轨		2	准确说出名称				
6		主轴		2	准确说出名称				

续表

序号	考核项目	考核内容及要求		配分	评分标准	检测结果	扣分	得分	备注
7	面板操作	开关机		3	正确操作				
8		机械回零		3	正确操作				
9		MDI 界面输入与删除		3	正确操作				
10		手动控制刀架		3	正确操作				
11		快速移动刀架		3	正确操作				
12		手轮控制刀架		3	正确操作				
13	节点坐标计算	计算节点坐标		5	正确计算出节点坐标				
14	对刀	刀具安装		5	正确安装刀具				
15		安全操作		5	对刀过程操作规范				
16		外圆刀	X 对刀点	10	准确对刀				
17			Z 对刀点	10	准确对刀				
18		切断刀	X 对刀点	5	准确对刀				
19			Z 对刀点	5	准确对刀				
20	编程基础	S		5					
21		M05		5					
22		M30		5					
23		G00		5					
24		G01		5					

学习情境二
阶梯轴零件的加工

概述：本情境旨在通过学习阶梯轴零件的加工，使学生对数控车床的轴类零件加工操作进行初步的理解。

课程目标	目标内容
学习目标	1. 了解数控加工工艺相关知识（工具卡、量具卡、刀具卡、工序卡） 2. 掌握常用指令、编程的格式 3. 掌握阶梯轴的编程与加工 4. 掌握阶梯轴零件加工精度的控制 5. 能检测零件的加工尺寸
思政目标	通过正确的机床操作完成阶梯轴零件的加工，并在研读图纸、制定工艺、程序编制和加工过程控制尺寸精度等步骤中，树立高质量加工意识，弘扬一丝不苟、精益求精的大国工匠精神
能力目标	熟悉阶梯轴零件特点分析、定位和装夹、测量、粗/精加工的控制和数控编程，熟练掌握阶梯轴类零件加工工艺等知识的综合运用和实践

【资讯】　阶梯轴零件的特点和程序的编制

一、阶梯轴零件的应用范围

轴类零件主要用来支承传动零部件（如齿轮、带轮等），传递扭矩或运动和承受载荷。按结构形式的不同，轴类零件一般可分为光轴、阶梯轴和异形轴三类，或分为实心轴、空心轴等。轴类零件是旋转体零件，其长度大于直径，一般由同心轴的外圆柱面、圆锥面、内孔和螺纹及相应的端面组成。

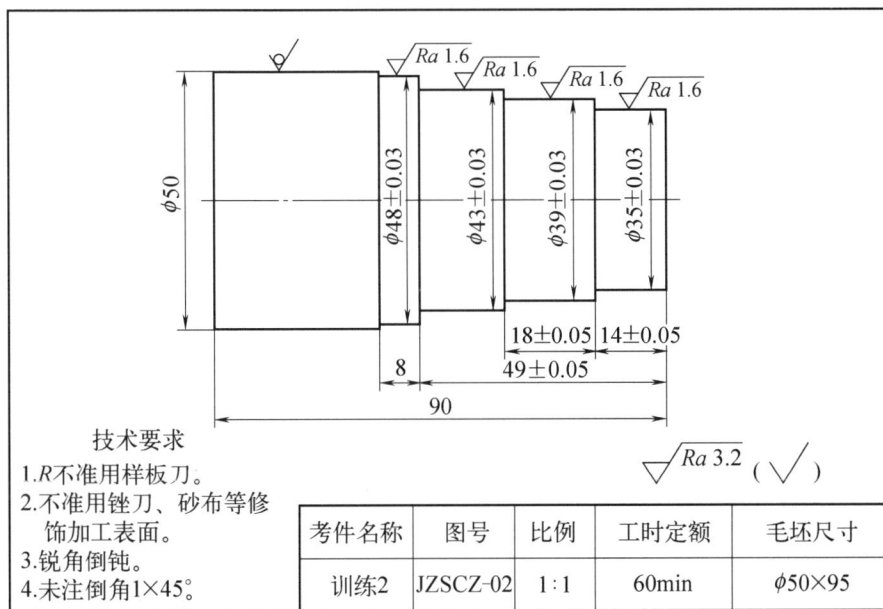

技术要求

1. R不准用样板刀。
2. 不准用锉刀、砂布等修饰加工表面。
3. 锐角倒钝。
4. 未注倒角1×45°。

考件名称	图号	比例	工时定额	毛坯尺寸
训练2	JZSCZ-02	1:1	60min	$\phi50\times95$

图 2-1　阶梯轴零件图

图2-1所示零件有什么特征？

二、知识准备

某轴类零件结构如图 2-2 所示。

1. 程序的结构

程序示例：

O0001；

T0101；　　　　　（选择 1 号刀，调用 1 号刀补）

M3 S600；　　　　（启动主轴，设置主轴转速为 600r/min）

G0 X0 Z3；　　　　（由 O 点快速定位到 O' 点）

G1 Z0 F120；　　　（以 120mm/min 的速度靠近 A 点）

X50；　　　　　　（从 A 点切削至 B 点）

Z−30；　　　　　 （从 B 点切削至 C 点）

X80 Z−50；　　　　　　（从 C 点切削至 D 点）

G0 X100 Z50；　　　　　（快速退回 O 点）

M5；　　　　　　　　　（停止主轴）

M30；　　　　　　　　　（程序结束）

执行完上述程序，刀具将走出 A—B—C—D—A 的轨迹。

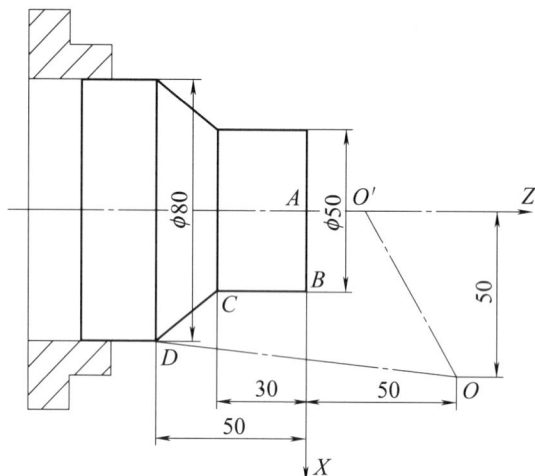

图 2-2　某轴类零件结构

2. 概念

程序：一个零件程序是一组被传送到数控装置中去的指令和数据。程序是由遵循一定结构、句法和格式规则的若干个程序段组成的，而每个程序段是由若干个指令字组成的。程序的一般结构如图 2-3 所示。

程序名：是系统用来调用程序进行加工或编辑的文件名。程序名格式如下：％ ××××或 O ××××（××××为四位数字或字母）。

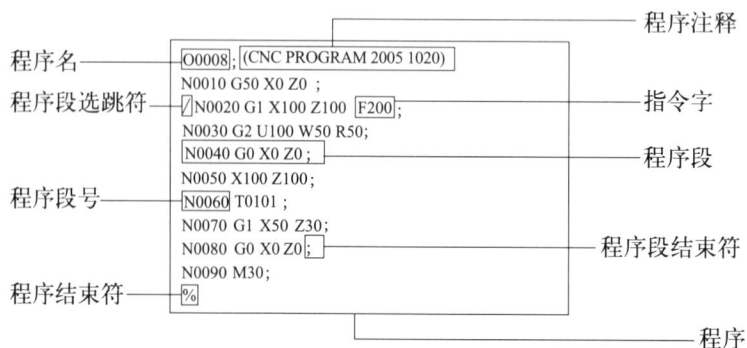

图 2-3　程序的一般结构

程序段：程序段是程序的组成单位，是由若干个指令字组成的、能完成一定数控动作的指令和数据组合。

指令：一个个指令字是由地址符（指令字符）和带符号或不带符号的数字数据组成的。例：

$$X \qquad 1000$$

指令地址　　指令值

指令字

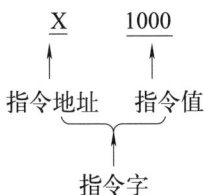

程序段与指令字的关系可以通过图 2-4 加以理解。

程序的一般结构：一个零件程序必须包括程序名、程序内容和程序结束三部分。程序是按程序段顺序执行的，而不是按程序段号的顺序执行的，但书写程序时，程序段号一般按升序书写。有时程序段号可省略不写。程序实例如图 2-5 所示。

N10　G01　U100　W200　F150　S600　M03

程序段号　准备功能　尺寸字　尺寸字　工艺功能字　主轴功能字　辅助功能字

图 2-4　程序段格式

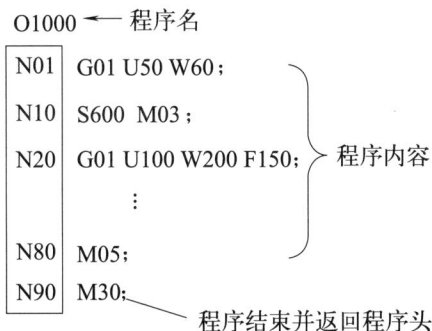

O1000 ← 程序名

N01	G01 U50 W60；
N10	S600　M03；
N20	G01 U100 W200 F150；
	⋮
N80	M05；
N90	M30；

程序内容

程序结束并返回程序头

图 2-5　程序示例

3. 加工程序编制

根据零件图纸及工艺要求，将机床加工路线通过机床指定代码进行有序排列，称为数控程序的编制。编制程序时，应先对图纸的技术要求、零件的几何形状、尺寸及工艺要求进行分析，确定加工方法和走刀轨迹，再进行数学计算，获得刀位数据，然后按数控机床规定的代码和程序格式，将工件的尺寸、刀具运动中心轨迹、位移量、切削参数以及辅助功能（换刀、主轴正反转、冷却泵开关）编制成加工程序，并输入数控系统，数控系统控制数控机床自动完成加工任务。

程序编制一般分手工编程和计算机辅助编程两种，两者的区别在于手工编程是通过人工进行走刀轨迹的运算并进行指令编制的，而计算机辅助编程是借助 Mastercam 或 NX 等专业软件生成加工程序的。

4. 程序指令代码

（1）M＿功能指令

M03 主轴正转、M04 主轴反转、M05 主轴停止、M30 程序结束（且返回程序头）、M08 冷却液开、M09 冷却液关。

（2）S＿功能指令

主轴转速，单位为 r/min，表示机床主轴的转速，由 S 和后面的若干数字组成。

配上 M 功能指令就可实现正转或反转了。如 M03 S500，M04 S200。

（3）T＿功能

格式：T0＿0＿；

如 T0303 表示用 3 号刀执行 3 号刀偏；T0202 表示用 2 号刀执行 2 号刀偏。

（4）F＿功能指令

每分钟进给量，单位为 mm/min。

F100 表示刀具进给速度为 100mm/min。

（5）G＿功能指令

① 快速定位（G00）。

格式：G00　X＿Z＿；

X、Z：绝对编程时，快速定位终点在工件坐标系中的坐标。

G00 指令刀具相对于工件以各轴预先设定的速度，从当前位置快速移动到程序段指令的定位目标点。

G00 指令中的快移速度由机床参数"快移进给速度"对各轴分别设定，不能用 F 规定。

用途：G00 一般用于加工前快速定位或加工后快速退刀。

快移速度可由面板上的快速修调按钮修正。

G00 为模态功能，可由 G01、G02、G03 或 G32 功能注销。

注意：在执行 G00 指令时，由于各轴以各自速度移动，不能保证各轴同时到达终点，因而联动直线轴的合成轨迹不一定是直线。操作者必须格外小心，以免刀具与工件发生碰撞。常见的做法是，将 X 轴移动到安全位置，再放心地执行 G00 指令。

② 直线插补 G01。

格式：G01　X＿Z＿F＿；

X、Z：绝对编程时，终点在工件坐标系中的坐标。

F＿：合成进给速度。

G01 指刀具以联动的方式，按 F 规定的合成进给速度，从当前位置按线性路线（联动直线轴的合成轨迹为直线）移动到程序段指令的终点，如图 2-6

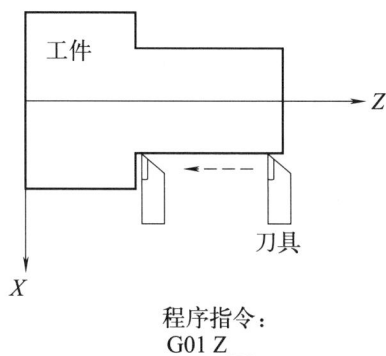

图 2-6　直线插补

所示。

G01 是模态代码，可由 G00、G02、G03 或 G32 功能注销。

（6）内（外）径粗车复合循环 G71（无凹槽加工）

格式：G71 U（Δd）R（r）P（ns）Q（nf）X（Δx）Z（Δz）F（f）；

说明：该指令执行图 2-7 所示的粗加工和精加工，其中精加工路径为 $A \to A' \to B' \to B$ 的轨迹。

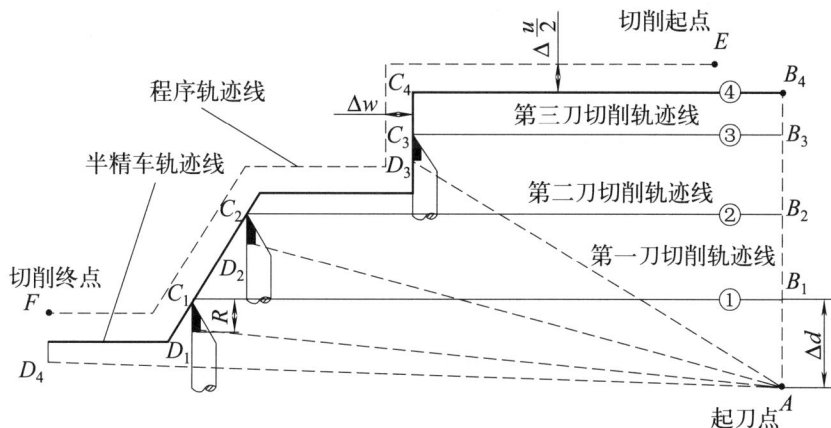

图 2-7　粗加工和精加工

Δd：切削深度（每次切削量），指定时不加符号。

r：每次退刀量。

ns：精加工路径第一程序段的顺序号。

nf：精加工路径最后程序段的顺序号。

Δx：X 方向精加工余量。

Δz：Z 方向精加工余量。

f：粗加工时 G71 中编程的 F 有效，而精加工时处于 ns 到 nf 程序段之间的 F 有效。

G71 切削循环下，切削进给方向平行于 Z 轴。

注意：① G71 指令必须带有 P、Q 地址 ns、nf，且与精加工路径起、止顺序号对应，否则不能进行该循环加工。

② ns 的程序段必须为 G00/G01 指令，即从 A 到 A' 的动作必须是直线或点定位运动。

③ 在顺序号为 ns 到顺序号为 nf 的程序段中，不应包含子程序。

5. 例题讲解

用外径粗加工复合循环编制图 2-8 所示零件的加工程序：要求循环起始点在 A（46，3），切削深度为 1.5mm（半径量），退刀量为 1mm，X 方向精加工余量为 0.4mm，Z 方向精加工余量为 0.1mm，其中双点画线部分为工件毛坯。

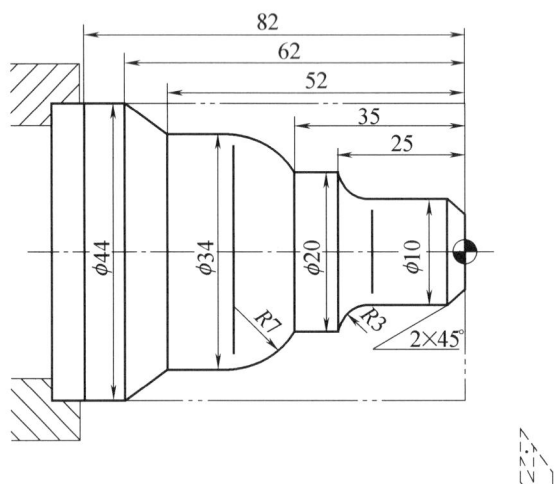

图 2-8　外径粗加工

程序如下：

```
％3307
N1 T0101                          （选择 1 号刀，调用 1 号刀补）
N2 M03 S560                       （主轴以 560r/min 正转）
N3 G00 X46 Z3                     （刀具到循环起点位置）
N4 G71 U1.5 R1 P5 Q14 X0.4 Z0.1 F100   （粗切量：1.5mm；精切量：
X 0.4mm Z 0.1mm）
N5 G00 X0                         （精加工轮廓起始行，到倒角延长线）
N6 G01 X6 F50
N7 X10 Z−2                        （2×45°倒角）
N8 Z−20            精加工        （精加工 Φ10 外圆）
N9 G02 U10 W−5 R5  轮廓         （精加工 R5 圆弧）
N10 G01 W−10       ns～nf 段     （精加工 Φ20 外圆）
```

N11 G03 U14 W－7 R7	（精加工 R7 圆弧）
N12 G01 Z－52	（精加工 Φ34 外圆）
N13 U10 W－10	（精加工外圆锥）
N14 W－20	（精加工 Φ44 外圆，精加工轮廓结束行）
N15 G00 X80 Z80	（回对刀点）
N16 M05	（主轴停）
N17 M30	（主程序结束并复位）

三、本学习情境阶梯轴零件实训图

阶梯轴零件如图 2-9 所示，效果图如图 2-10 所示。

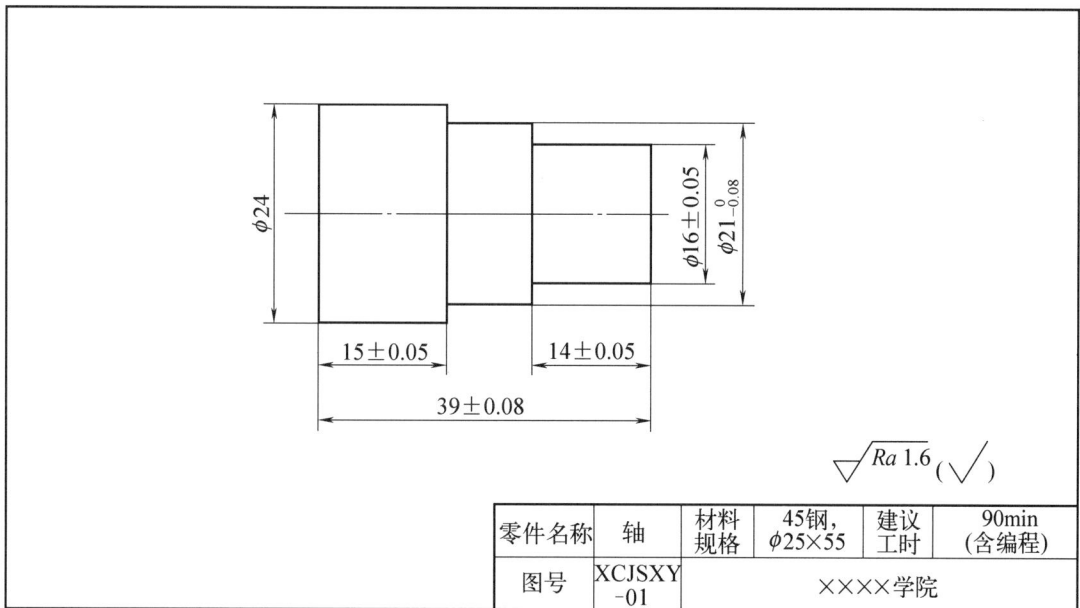

图 2-9　阶梯轴零件

图 2-10　阶梯轴零件效果图

四、实训要求描述

本学习情境主要为简单阶梯轴加工，学生通过该工件的分析、编程和加工，掌握数控车床的相关基础知识，掌握使用单一循环指令 G90 进行阶梯轴加工的手工编程，并使用游标卡尺与千分尺测量工件，做到举一反三，运用相关知识解决实际问题。

【决策】　阶梯轴零件工艺分析

1. 零件图分析

2. 确定装夹方案

3. 确定加工顺序及走刀路线

4. 填写加工工序卡（表 2-1）

表 2-1　零件加工工序卡

工序号	程序编号		夹具名称	使用设备	数控系统	车间
001			三爪自定心卡盘			

工步号	工步内容	刀具号	刀具规格 /(mm× mm)	转速 $n/(\text{r/min})$	进给量 $f/(\text{mm/r})$	背吃刀量 a_{p}/mm	备注
1	车端面	T01	20×20	300	0.2	1.5	自动
2	粗加工外轮廓，留 0.3mm 精加工余量	T01	20×20	300	0.2	1.5	自动
3	精加工外轮廓至尺寸	T01	20×20	400	0.1	0.1	自动
4	切断	T02	20×20	300	0.08	4	自动
编制		审核		批准		共1页	第1页

【计划】 零件数控车削加工准备

一、工具/设备

工、量、刀具清单见表 2-2～表 2-4。

表 2-2　零件加工工具清单

工具清单					图号	
种类	序号	名称	规格	精度	单位	数量
工具	1	三爪自定心卡盘			个	1
	2	卡盘扳手			副	1
	3	刀架扳手			副	1
	4	垫刀片			块	若干

表 2-3　零件加工量具清单

量具清单					图号	
种类	序号	名称	规格	精度	单位	数量
量具	1	游标卡尺	0～150mm	0.02mm	把	1
	2	钢直尺	0～150mm	0.5mm	把	1

表 2-4　零件加工刀具清单

产品名称或代号		数控车床	零件名称		零件图号	
序号	刀具号	刀具名称	数量	加工表面		
1	T01	90°高速钢粗车刀	1	粗车外轮廓		
2	T02	90°高速钢精车刀	1	精车外轮廓		
3	T03	高速钢切断刀	1	切断	刀头宽4mm	
编制		审核		批准		共1页	第1页

二、程序编制

%0001；

G90 G54 G00 X100 Z100；

M03 S1000 T0101；

G00 X25 Z5；

G90 Z-39 F100；

X24；

X23 Z-24；

X22；

X21；

X20 Z-14；

X19；

X18

X17；

X16；

G00 X100 Z100；

M05；

M30；

【实施】 阶梯轴零件的编程与加工

一、阶梯轴零件加工编程

根据前面所确定的加工方案进行阶梯轴零件车削加工编程。

二、阶梯轴零件数控车削加工要求

① 强调数控车床安全操作规程，做到安全文明生产。

② 注意零件装夹牢固，对刀准确，切削用量合理，防止铝屑粘在刀具上。

③ 各小组学生根据要求完成两个配合零件的数控车削加工。

④ 检测零件加工质量，对不合格的零件进行原因分析，并提出解决方案。

【检验与评估】 阶梯轴的编程与加工

一、质量检测

1. 评价内容

零件分析、工艺分析、程序编制、工件加工、工件检测、机床清扫及合作表现。

2. 评价标准

阶梯轴的编程与加工评价见表 2-5。

表 2-5 评价表

序号	考核内容	考核标准	考核方式	所占分值	扣分内容	扣分	得分	考核人
1	学习态度	1. 迟到、早退：扣 1 分/次 2. 旷课、玩手机：扣 2 分/次 3. 违反实训纪律：扣 1 分/次/人	考勤课堂记录	10				小组互评
2	综合素质	1. 团队合作精神：1 分/次 2. 自我规划与评价：1 分/次 3. 安全意识：2 分/次 4. 责任心、成本意识：1 分/次 5. "精细化"质量意识：1 分/次 6. 规范操作意识：1 分/次 7. 爱护设备、公物：1 分/次 8. 场地卫生、设备清扫：2 分/次 9. 工具架物品摆放：1 分/次	课堂记录 操作过程记录	20				小组互评
3	任务考核	工件质量评分	现场操作	70				教师评价
4		合计		100				

学生姓名		班级		实训时间	年　月　日第　周		
工时				总耗时			
指导教师		教师评价			教师签名：		

3. 评价方式

总成绩见表 2-6，自我评价、小组之间互评、教师评价见 2-7。

表 2-6　总成绩表

序号	试题—阶梯轴	配分	得分	备注
1	加工操作	30		
2	零件精度	70		
	合计	100		

表 2-7　工件质量评分表

班级		姓名		学号		日期	
课题名称		零件加工训练		零件图号			

序号	考核内容	考核要求	配分	评分标准	学生自评	教师评分	得分
合计			100	总分			

二、评价反馈

1. 学习反馈

（1）你能总结出本次加工的操作步骤吗？

（2）在阶梯轴零件编程加工中，你遇到过哪些难题？你是通过什么方法解决的？

（3）本次工件加工最关键的环节是什么？

（4）零件加工完成后，如果尺寸不合格或是工件表面粗糙，请分析原因是什么。

2. 教师评价

请教师根据学生在整个学习过程中的表现填写表 2-8。

表 2-8　学生评价表

评价指标	评价等级			
	A	B	C	D
出勤情况				
工具摆放				
清洁卫生				
安全文明操作机床				
学材填写				
零件加工				

教师签名_____　　　　_____年_____月_____

学习情境三
轴类圆弧件的加工

概述: 本情境旨在通过学习阶梯轴零件的加工, 使学生掌握轴类圆弧件的数控加工。

课程目标	目标内容
学习目标	1. 了解数控加工工艺相关知识(工具卡、量具卡、刀具卡、工序卡) 2. 掌握常用指令、编程的格式 3. 掌握轴类圆弧件的编程与加工 4. 掌握轴类圆弧件加工精度的控制 5. 能检测零件的加工尺寸
思政目标	通过正确的机床操作完成轴类圆弧件的加工,熟练掌握圆弧的数值计算及手工编程方法,树立高质量加工意识,弘扬一丝不苟、精益求精的大国工匠精神
能力目标	能够根据图样进行零件分析,熟练掌握轴类圆弧件的加工工艺分析及填写工、量、刀具清单及工序卡

【资讯】　轴类圆弧件的编程

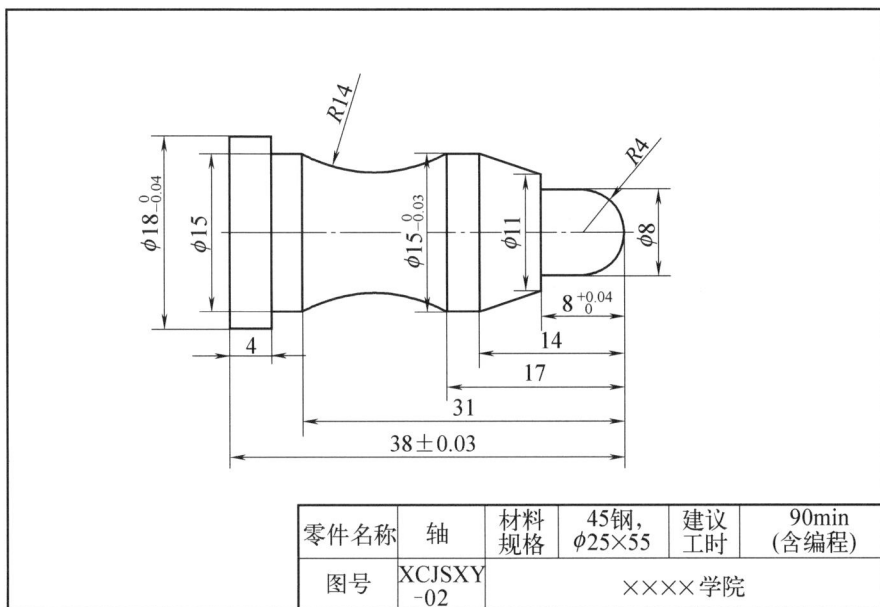

| 零件名称 | 轴 | 材料规格 | 45钢，$\phi25\times55$ | 建议工时 | 90min（含编程） |
| 图号 | XCJSXY-02 | | ××××学院 | | |

图 3-1　轴类圆弧件

与上节学习的阶梯轴相比,图3-1有什么不同?

一、知识准备

1. 程序指令的学习

圆弧进给 G02/G03 格式：

$$\begin{Bmatrix} G02 \\ G03 \end{Bmatrix} X\_\_ Z\_\_ R\_\_ F\_\_$$

G02：顺时针圆弧插补（如图 3-2 所示）。

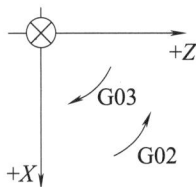

图 3-2　G02/G03 插补方向

G03：逆时针圆弧插补（如图 3-2 所示）。

注意：数控车编程圆弧判断顺时针用 G03 指令；逆时针用 G02 指令。

数控车用的刀架是正面的，而非反刀架，这一点一定要记清，圆弧指令反

33

过来编程！

X、Z：绝对编程时，圆弧终点在工件坐标系中的坐标。

R：圆弧半径。

F：合成进给速度。

2. 例题讲解

如图 3-3 所示，用圆弧插补指令编程。

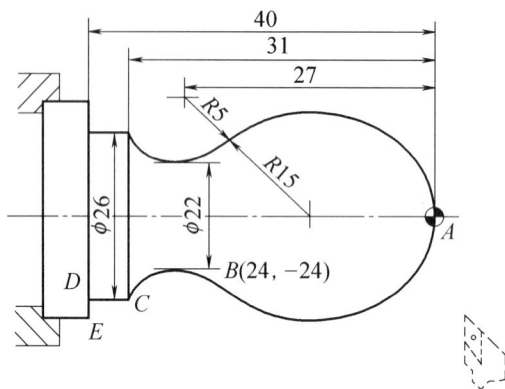

图 3-3　圆弧插补指令

程序如下：

```
％3308
N1 T0101                （调用 1 号刀）
N2 M03 S400             （主轴以 400r/min 旋转）
N3 G00 X0               （到达工件中心）
N4 G01 Z0 F60           （工进接触工件毛坯）
N5 G03 U24 W−24 R15     （加工 R15 圆弧段，虽然是顺时针，但编程时
                         要反用指令）
N6 G02 X26 Z−31 R5      （加工 R5 圆弧段）
N7 G01 Z−40             （加工 φ26 外圆）
N8 X40 Z5               （回对刀点）
N9 M30                  （主轴停、主程序结束并复位）
```

二、项目实训图样

轴类圆弧件效果图如图 3-4 所示。

三、实训要求描述

本学习情境主要目的是让学生通过该工件的分析、编程和加工，掌握数控

图 3-4　轴类圆弧件效果图

车削加工的相关基础知识，掌握使用复合循环指令 G71 进行轴类圆弧件的手工编程，并使用游标卡尺与千分尺测量工件，做到举一反三，运用相关知识解决实际问题。

【决策】 轴类圆弧件工艺与分析

1. 零件图分析

2. 确定装夹方案

3. 确定加工顺序及走刀路线

4. 填写加工工序卡（表 3-1）

表 3-1　零件加工工序卡

工序号	程序编号	夹具名称	使用设备	数控系统	车间
001		三爪自定心卡盘			

工步号	工步内容	刀具号	刀具规格 $/(mm \times mm)$	转速 $n/(r/min)$	进给量 $f/(mm/r)$	背吃刀量 a_p/mm	备注
1	车端面	T01	20×20	300	0.2	1.5	自动
2	粗加工外轮廓，留0.2mm精加工余量	T01	20×20	300	0.2	1.5	自动
3	精加工外轮廓至尺寸	T01	20×20	400	0.1	0.1	自动
4	切断	T03	20×20	250	0.08	4	自动
编制		审核		批准		共 1 页	第 1 页

【计划】　轴类圆弧件

一、工具/设备

工、量、刀具清单见表 3-2～表 3-4。

表 3-2　零件加工工具清单

种类	序号	工具清单			图号		
		名称	规格	精度	单位	数量
工具	1	三爪自定心卡盘			个	1
	2	卡盘扳手			副	1
	3	刀架扳手			副	1
	4	垫刀片			块	若干

表 3-3　零件加工量具清单

种类	序号	量具清单			图号		
		名称	规格	精度	单位	数量
量具	1	游标卡尺	0～150mm	0.02mm	把	1
	2	千分尺	0～25mm	0.01mm	把	1
	3	半径样板	R1mm～R6.5mm		个	1

表 3-4　零件加工刀具清单

产品名称或代号		数控车床	零件名称		零件图号	
序号	刀具号	刀具名称	数量	加工表面		
1	T01	90°高速钢粗、精车刀	1	粗车外轮廓		
3	T03	高速钢切断刀	1	切断	刀头宽（　）mm	
编制		审核	批准		共 1 页	第 1 页

二、程序编制

%0002;

G90 G54 G00 X100 Z100;

M03 S600 T0101;

G00 X25 Z5

G71 U1 R1 F100;

续表

G71 P70 Q150 U0.5 W0.1；
G00 X0；
G01 Z0 F50；
G03 X8 Z－4 R4；
G01 Z－8；
X11；
X15 Z－14；
Z－34；
X18；
Z－38；
G00 X100 Z100；
M05；
M00；
T0101；
M03 S1200；
G00 X25 Z5；
G70 P70 Q150；
G00 X100 Z100；
T0202；
M3 S600；
G00 X17 Z－17；
G02 X17 Z－31 R14 F50；
G01 X16 Z－17；
G02 X16 Z－31 R14；
G01 X15 Z－17；
G02 X15 Z－31 R14；
G00 X100 Z100；
M30；

【实施】　轴类圆弧件加工

一、轴类圆弧件加工编程

根据前面所确定的加工方案进行轴类圆弧件车削加工编程。

二、轴类圆弧件数控车削加工要求

① 强调数控车床安全操作规程，做到安全文明生产。

② 注意零件装夹牢固，对刀准确，切削用量合理，防止铝屑粘在刀具上。

③ 各小组学生根据要求完成加工。

④ 检测零件加工质量，对不合格的零件进行原因分析，并提出解决方案。

【检验与评估】 轴类圆弧零件编程

一、质量检测

学生考核评价见表 3-5，零件加工评分见表 3-6。

表 3-5 评价表

序号	考核内容	考核标准	考核方式	所占分值	扣分内容	扣分	得分	考核人
1	学习态度	1. 迟到、早退：扣 1 分/次 2. 旷课、玩手机：扣 2 分/次 3. 违反实训纪律：扣 1 分/次/人	考勤课堂记录	10				小组互评
2	综合素质	1. 团队合作精神：1 分/次 2. 自我规划与评价：1 分/次 3. 安全意识：2 分/次 4. 责任心、成本意识：1 分/次 5. "精细化"质量意识：1 分/次 6. 规范操作意识：1 分/次 7. 爱护设备、公物：1 分/次 8. 场地卫生、设备清扫：2 分/次 9. 工具架物品摆放：1 分/次	课堂记录 操作过程记录	20				小组互评
3	任务考核	见零件加工评分表	现场操作	70				教师评价
4		合计		100				

学生姓名		班级		实训时间		年　月　日第　周
工时				总耗时		
指导教师			教师评价			教师签名：

表 3-6 零件加工评分表

班级		姓名		学号		日期	
课题名称		零件加工训练		零件图号			

序号	考核内容	考核要求	配分	评分标准	学生自评	教师评分	得分

续表

序号	考核内容	考核要求	配分	评分标准	学生自评	教师评分	得分
合计			100	总分			

二、评价反馈

1. 学习反馈

（1）阶梯轴零件的编程与轴类圆弧件的编程有哪些区别？

（2）在轴类圆弧件编程加工过程中，你遇到过哪些难题？你是通过什么方法解决的？

（3）本次工件加工最关键的环节是什么？

（4）加工完成后，如果精度不达标，请分析原因是什么。

2. 教师评价

请老师根据学生在整个学习过程中的表现填写表 3-7。

表 3-7 学生评价表

评价指标	评价等级			
	A	B	C	D
出勤情况				
工具摆放				
清洁卫生				
安全文明 操作机床				
学材填写				
零件加工				

教师签名_____ _____年_____月_____

三、拓展任务

完成图 3-5 所示的零件加工。

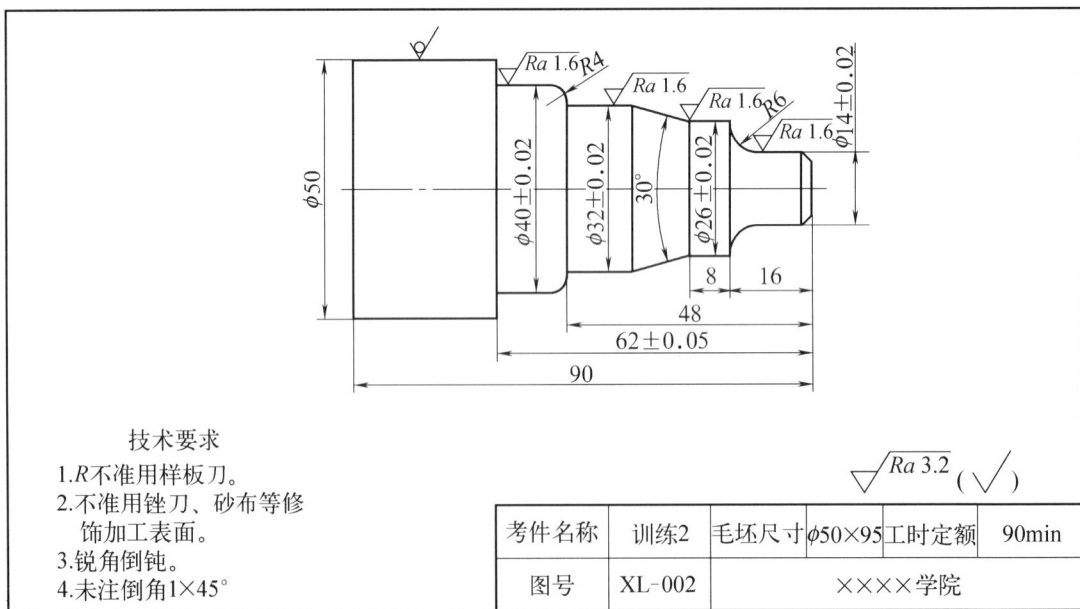

技术要求
1.R不准用样板刀。
2.不准用锉刀、砂布等修
　饰加工表面。
3.锐角倒钝。
4.未注倒角1×45°

$\sqrt{Ra\,3.2}$ ($\sqrt{}$)

考件名称	训练2	毛坯尺寸	φ50×95	工时定额	90min
图号	XL-002		××××学院		

图 3-5 拓展任务零件图

学习情境四
综合类零件的加工

概述：本情境旨在采用 $\phi25$ 铁棒材，用数控车床进行综合类零件加工。综合类零件结构简单，包括螺纹、切槽等特征。通过学习阶梯轴零件的加工，学生能掌握综合类零件的加工工艺及方法。

课程目标	目标内容
学习目标	1. 了解螺纹的特点及螺纹加工的切削参数 2. 掌握综合类零件加工的定位和装夹 3. 掌握综合类零件的加工工艺分析 4. 能够用相关指令进行编程并校验程序 5. 能控制综合类零件的尺寸精度
思政目标	通过正确的机床操作完成综合类零件的加工,熟练掌握综合类零件加工的工艺分析和手工编程,树立高质量加工意识,弘扬一丝不苟、精益求精的大国工匠精神
能力目标	熟悉螺纹特点分析,熟练掌握综合类零件加工的定位、装夹、测量和粗/精加工的控制、数控编程、加工工艺等知识的综合运用和实践

【资讯】 螺纹与综合类零件的工艺特点

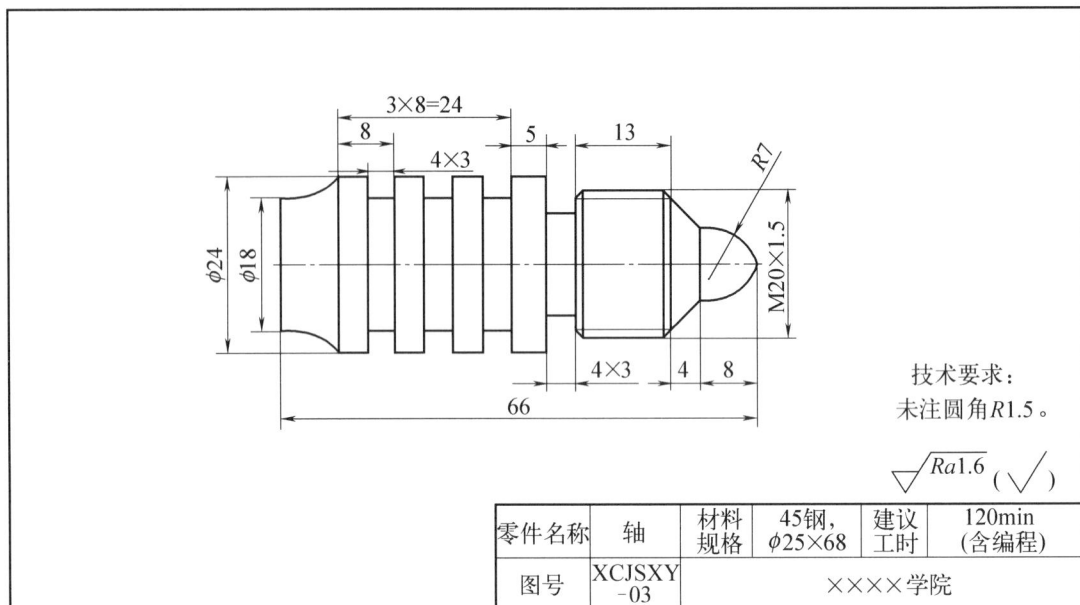

图 4-1 螺纹与综合类零件

一、螺纹

在机械加工中，螺纹是在一根圆柱形的轴上（或内孔表面）用刀具或砂轮切成的（图 4-1），此时工件转一转，刀具沿着工件轴向移动一定的距离，刀具在工件上切出的痕迹就是螺纹。在外圆表面形成的螺纹称外螺纹；在内孔表面形成的螺纹称内螺纹。

二、常见螺纹类型

常见的螺纹类型如图 4-2 所示。

三、螺纹加工指令

① 单行程螺纹切削指令 G32。程序格式：

G32 X（U）Z（W）F；

② 螺纹切削循环指令 G92。程序格式：

G92 X（U）Z（W）R F；

③ 螺纹切削复合循环指令 G76，指令格式：

G76 P（m）（r）（a）Q（Δd min）R（d）

G76 X（U）Z（W）R（i）P（k）Q（Δd）F（f）

(a) 双头螺纹

(b) 内螺纹

(c) 外螺纹

(d) 多线螺纹

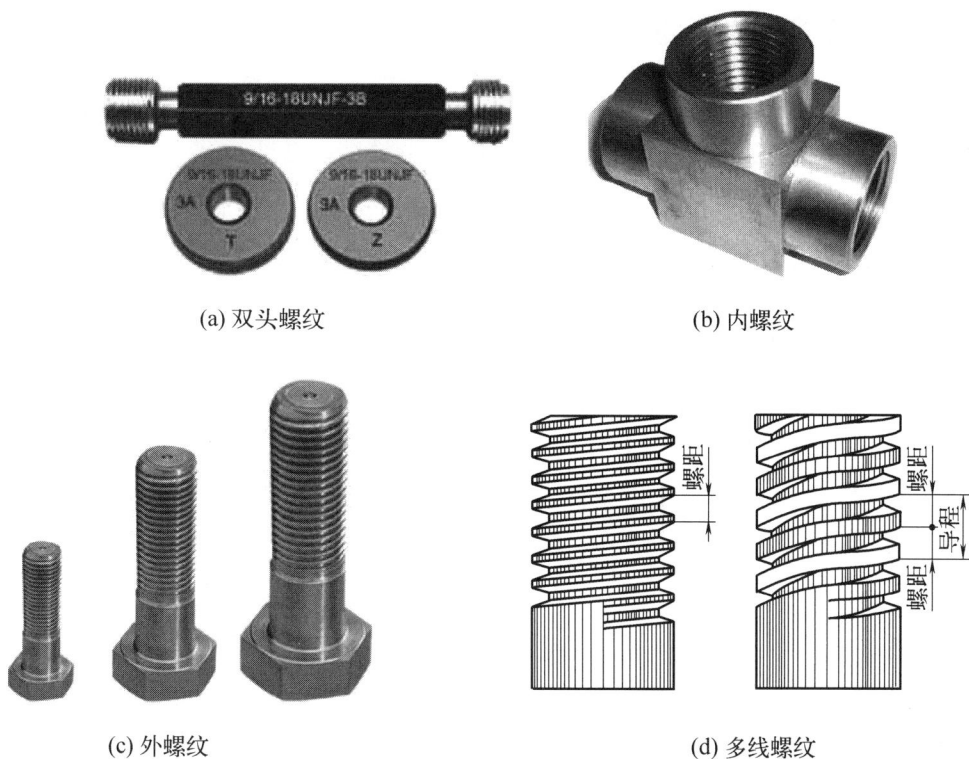

图 4-2　常见的螺纹

四、螺纹加工指令的区别

G32：等螺距螺纹切削。G76：多头螺纹切削循环。G92：螺纹切削循环。

其中，螺纹循环回退功能对 G32 无效。

G92 与 G76 的比较如下。

G92 螺纹切削循环采用直进式进刀方式，由于其加工的牙型精度较高，因此一般多用于小螺距高精度螺纹的加工。由于其刀具移动切削均靠编程来完成，所以加工程序较长。刀刃在加工中易磨损，因此在加工中要经常对其进行测量。

G76 螺纹切削循环采用斜进式进刀方式，由于其为单侧刃工作，刀具负载较小，排屑容易，并且切削深度为递减式，因此，此加工方法一般适用于大螺距低精度螺纹的加工。此加工方法排屑容易，刀刃加工工况较好，在螺纹精度要求不高的情况下，此加工方法更为简洁方便。

如果需加工高精度、大螺距的螺纹，则可采用 G92、G76 混用的办法，即先用 G76 进行螺纹粗加工，再用 G92 进行精加工。需要注意的是，粗精加工时的起刀点要相同，以防止螺纹乱扣的产生。

五、常见螺纹的螺距

M12 _____ 、 M16 _____ 、
M18X2 _____ 、 M10 _____ 、 Tr16X2
_____ 、 M18X6（P2）_____ 。

六、常用螺纹切削参数

常用螺纹切削的进给次数与吃刀量见表 4-1。

表 4-1　螺纹切削的进给次数与吃刀量　　　　单位：mm

		米制螺纹						
螺距		1.0	1.5	2	2.5	3	3.5	4
牙深（半径量）		0.649	0.974	1.299	1.624	1.949	2.273	2.598
切削次数及吃刀量（直径量）	1 次	0.7	0.8	0.9	1.0	1.2	1.5	1.5
	2 次	0.4	0.6	0.6	0.7	0.7	0.7	0.8
	3 次	0.2	0.4	0.6	0.6	0.6	0.6	0.6
	4 次		0.16	0.4	0.4	0.4	0.6	0.6
	5 次			0.1	0.4	0.4	0.4	0.4
	6 次				0.15	0.4	0.4	0.4
	7 次					0.2	0.2	0.4
	8 次						0.15	0.3
	9 次							0.2

七、螺纹加工指令 G92 格式与参数含义

格式：G92 X __ Z __ F __
　　　　　X __
　　　　　……
　　　　　X __螺纹小径__
含义：X、Z——（_____）
　　　F—（_____）

八、实训图

螺纹与综合类零件效果图如图 4-3 所示。

图 4-3　螺纹与综合类零件效果图

【决策】 装夹与零件程序的编制

一、零件工艺分析

1. 零件图分析

该零件为常见的轴类工件，总长度为 63 mm，尺寸精度为 63mm±0.05mm，左端面有一个粗牙螺纹 M10，切槽深度为 1mm，槽宽为 3mm，三个倒角都是 2mm。

2. 确定装夹方案

_____。

3. 确定加工顺序及走刀路线

加工顺序按照外圆先行、先粗后精的原则来制定。

具体的加工步骤如下（写出加工先后顺序）。

步骤 1：

步骤 2：

步骤 3：

步骤 4：

步骤 5：

二、手动编写加工程序

%0004；

G54 G00 X100 Z100；

M03 S1000 T0101；

G00 X25 Z3；

G73 U12.35 W0 R13 F100；

G73 P7 Q19 U0.5 W0.1；

G00 X0；

G01 Z0 F50；

G03 X14 Z-7 R7；

G01 Z-8；

X17 W－4；
X20 W－1.5
W－16；
X21；
X24 W－1.5；
Z58；
G02 X18 Z－65.75 R11；
G01 Z－66；
X30；
G00 X100 Z100；
M05；
M00；
T0101；
M03 S1200；
G00 X25 Z3；
G70 P7 Q19；
G00 X100 Z100；
T0202；
M03 S600；
G00 X30 Z－29；
G94 X14 F50；
G00 X100 Z100；
T0303；
G00 X25 Z0；
G92 X19.2 Z－27 F1.5；
X18.6；
X18.2；

X18.04；
G00 X100 Z100；
M05
M00
T0202；
G00 X30 Z－38；
G94 X18 F50；
G01 W－8；
G94 X18；
G01 W－8；
G94 X18；
G00X100 Z100；
M30；

【计划】 零件数控车削加工准备

一、加工准备

① 机床：_____机床，数控系统为_____。

② 夹具：_____（或_____）。

③ 量具：游标卡尺（_____）、外径千分尺（_____）、内径千分尺（_____）。

④ 工具：_____、_____、_____、_____。

⑤ 毛坯：材料为铁棒材，件 1 尺寸为 $\varPhi 25 \times 100 \mathrm{mm}$。

⑥ 程序：在编辑方式下手动输入即可。

二、填写数控车削加工工艺卡

学生在老师指导下制定回转体零件的加工工艺卡，并根据提示完成表 4-2。

表 4-2 回转体件 1 加工工艺卡

工种		材料		设备	
毛坯料尺寸				件数	

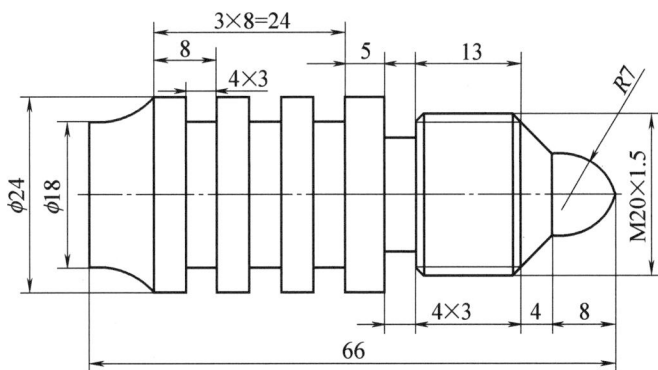

续表

序号	加工步骤	刀具	量具	进给速度 /(mm/min)	主轴转速 /(r/min)	切削深度 /mm	备注
1							
2							
3							
4							
5							
6							

主要工序说明及技术要求	1. 毛坯装夹要牢固,防止工件在加工过程中因受力而被撞歪斜或撞飞。 2. 根据实际刀具及加工零件的材料,查阅有关工作手册,确定合理的切削用量。 3. 保证各个尺寸精度及相关几何公差

【实施】　综合类零件数控车削加工

一、综合类零件加工编程

根据前面所确定的加工方案进行综合类零件车削加工编程。

二、零件数控车削加工要求

① 强调数控车床安全操作规程，做到安全文明生产。

② 注意零件装夹牢固，对刀准确，切削用量合理，防止烧刀、崩刀。

③ 正式加工前要检查工件的程序是否正确，伸出长度是否足够，所用的刀具是否齐全，对刀是否正确等。

④ 各小组学生根据要求完成零件的数控车削加工。

⑤ 检测零件加工质量，对不合格的零件进行原因分析，并提出解决方案。

三、零件的数控车削步骤

① 用三爪自定心卡盘装夹好工件，伸出卡盘约 85mm，装好各种车刀，先加工外轮廓至 70mm；

② 利用切断刀加工槽以及螺纹退刀槽；

③ 利用螺纹刀，加工螺纹 M10；

④ 倒角与切断。

【检验与评估】 零件质量检验与评估

一、质量检测

零件加工完毕，请同学们根据表 4-3 的要求，进行自检、互检，并对存在的问题进行分析，提出有效的解决办法。

表 4-3　零件质量检测和分析

工种			零件图号		使用时间		
序号	项目	考核要求	配分	评分标准	自检	互检	教师检

质量问题分析及解决方法

提示与评价

质量评定：

自检得分：_____ 互检得分：_____ 教师检得分：_____ 综合得分：_____

说明:综合得分＝0.3×自检＋0.3×互检＋0.4×教师检

二、评价反馈

1. 学习反馈

（1）数控车床螺纹加工时用到哪些指令？

（2）在综合类零件编程加工过程中，你遇到过哪些难题？你是通过什么方法解决的？

（3）本次工件加工最关键的环节是什么？

（4）零件加工完成后，如果没有达到要求，请分析原因是什么。

2. 教师评价

请老师根据学生在整个学习过程中的表现填写表 4-4。

表 4-4 学生评价表

评价指标	评价等级			
	A	B	C	D
出勤情况				
工具摆放				
清洁卫生				
安全文明操作机床				
学材填写				
零件加工				

教师签名_____ ___年___月___日

三、拓展任务

完成图 4-4 所示图纸的程序编制及数控加工。

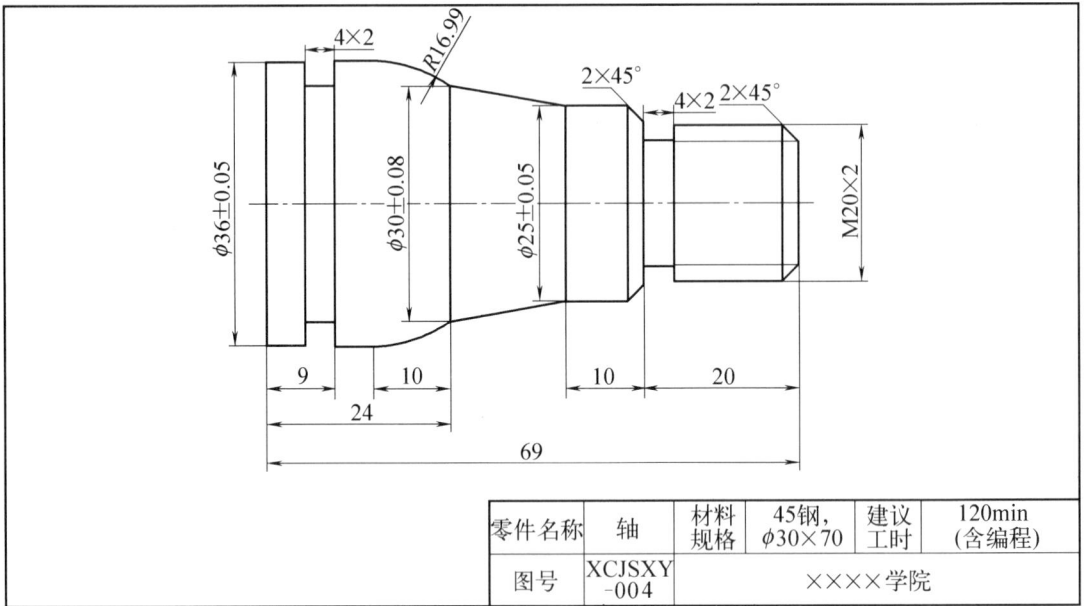

零件名称	轴	材料规格	45钢, φ30×70	建议工时	120min (含编程)
图号	XCJSXY -004		××××学院		

图 4-4　拓展任务零件图

学习情境五
成形面零件的加工

概述：本情境旨在通过学习成形面零件的加工，使学生掌握成形面零件加工工艺分析、手工编程及加工。

课程目标	目标内容
学习目标	1. 了解循环指令的基本知识 2. 掌握零件的加工工艺分析方法 3. 掌握零件加工方案的确定 4. 掌握合理制订成形面零件加工的切削参数的方法 5. 掌握掉头加工方法 6. 编写加工程序并加工
思政目标	通过正确的机床操作完成成形面零件的加工,在加工过程中熟练掌握成形面零件加工的工艺分析、加工方案、掉头加工方法以及零件测量方法,树立高质量加工意识,弘扬一丝不苟、精益求精的大国工匠精神
能力目标	掌握成形面零件的工艺分析与加工方案、掉头加工方法、编写加工程序的方法及加工方法、零件质量检测

【资讯】 成形面零件基础知识

一、成形面零件基础知识

1. 成形面

表面轮廓形状是曲线，如手柄、圆球等，这些带有曲线的表面叫作特形面，也叫成形面，如图5-2所示。

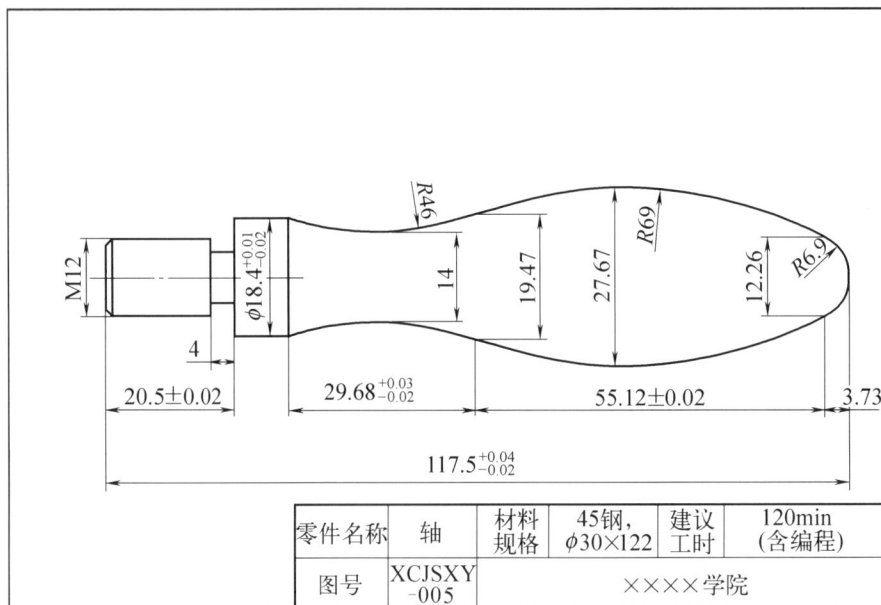

图 5-1 成形面零件

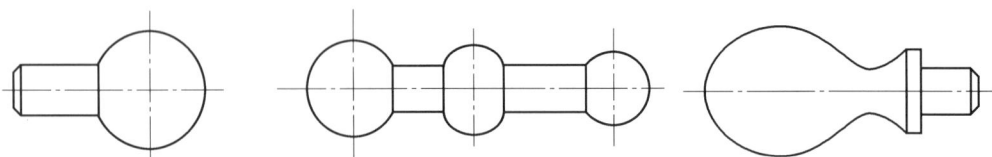

图 5-2 特形面

2. 调头加工后工件长度尺寸的控制

有一些零件只用一次装夹，是不可能完成零件的加工的，需要两次甚至多次装夹，才能完成零件的加工，那么怎样两次装夹？怎样保证装夹后的零件的尺寸呢？

解决方法：_____

3. 封闭切削循环指令 G73 指令格式

G73 U(Δi) W(Δk) R(d)

G73 P(ns) Q(nf) U(Δu) W(Δw) F(f) S(s) T(t)

其中:

Δi 为 _____ ; Δk 为 _____ ;

d 为 _____ ; ns 为 _____ ;

nf 为 _____ ; Δu 为 _____ ;

Δw 为 _____ ; f 为 _____ ;

s 为 _____ ; t 为 _____ 。

4. 封闭切削循环指令 G73

封闭切削循环指令为按照一定的切削形状,逐渐接近最终形状的循环切削方式。封闭切削循环适于对铸、锻毛坯切削,对零件轮廓的单调性则没有要求。G73 为非模态指令。利用 G73 封闭循环指令,刀具可以按指定 $ns \sim nf$ 程序段给出的同一轨迹进行重复切削。G73 指令循环路径如图 5-3 所示。

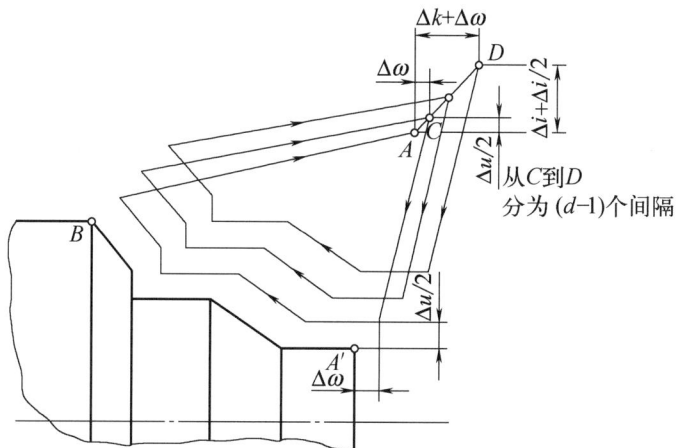

图 5-3　G73 指令循环路径

二、成形面零件加工工艺分析

1. 成形面零件工序

在机械制造业中,很多大型而又不规则的曲面零件,特别是成形面零件加工所占的比例较大的,一般采用封闭切削循环指令 G73 进行编程。

曲面加工通常分为粗车、精车,有时还加入半精加工。

2. 切削刀具的选择

如加工本项目中的摇手柄零件时,选择外圆弧尖刀的形状如图 5-4 (a) 所示，其刀片为 55° 菱形机夹刀片，安装后其主偏角为 93°，副偏角为 32°；选择切断刀的形状如图 5-4（b）所示，其刀片宽度为 3mm。

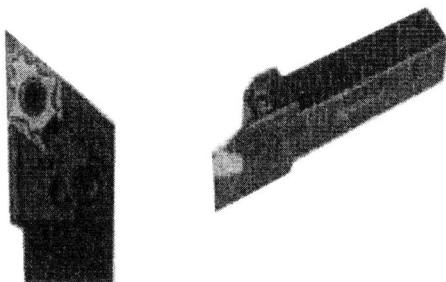

(a) 外圆弧尖刀　　　　　　　(b) 切断刀

图 5-4　切点处车刀所需副偏角

【决策】　成形面零件的编程

一、描述

该工件为常见的手柄，通过该工件的加工，掌握成形面零件的相关基础知识和成形面零件的编程加工，并能举一反三，运用相关知识解决实际问题。毛坯为 $\phi30\text{mm}\times122\text{mm}$ 的 45 钢铁棒（长 5mm 的余量）。

二、工作流程

1. 工艺分析

① 取 1 号刀粗精车工件左端部分，车至长度为 $\Phi18.4\text{mm}\times32\text{mm}$ 处；

② 取 2 号刀切螺纹退刀槽；

③ 取 3 号刀车螺纹 M12；

④ 掉头装夹工件，夹 $\Phi18.4\text{mm}$ 外圆，切掉工件的 Z 轴余量保证总长要求，重新对刀（只对 Z 轴即可）；

⑤ 取 1 号刀加工工件右端部分，车 $R69$ 外圆等圆柱面。

2. 参考程序

材料：毛坯为 $\phi30\text{mm}\times122\text{mm}$ 的 45 钢铁棒（长 5mm 的余量）。

刀具：1♯90°外圆粗车刀；2♯切断刀（刀宽 4mm）；3♯60°螺纹刀。

先加工工件左端（以虚线为界分左右）：

```
O3696;
N10 T0101 M03 S400;
N20 G00 X100 Z100；
N30 G00 X32 Z5;
N40 G71 U1 R1 F80;
N50 G71 P60 Q110 U0.3 W0.1;
N60 G00 X10;
N70 G01 Z0 F80;
N80 X12 Z−1;
N90 Z−20.5;
N100 X18.4;
N110 G01 Z−32;          （长度取大一点,大于 30mm）
N120 G00 X100 Z100；
N130 T0202 M03 S600;
N140 G00 X35 Z5；
```

N150 G70 P60 Q110；

N160 G00 X100 Z100；

N170 M03 S200 T0303；——切断刀

N180 G00 X25 Z－20.5；

N190 G01 X4 F30；

N200 G00 X100；

N210 Z100；

N220 M03 S150 T0404；——螺纹刀

N230 G00 X14 Z3；

N240 G92 X11.4 Z－17 F1.75；

N250 X11；

N260 X10.6；

N270 X10.2；

N280 X10；

N290 X9.725；

N300 X9.725；

N310 G00 X100 Z100；

N320 M3；

工件掉头,再加工工件右端

O3697；

N10 T0101 M03 S400；——外圆刀

N20 G00 X100 Z100；

N30 G00 X32 Z2；

N40 G71 U1 R1 F80；

N50 G71 P70 Q110 U0.5 W0.1；

N60 G00 X180；

N70 G01 Z0 F40；

N80 G03 X12.27 Z－3.73 R6.9；

N90 G03 X19.44 Z－58.87 R69；

N100 G02 X18.4 Z－88.65 R46；

N110 M03 S600 T0202；

N120 G70 P90 Q110；

N130 G00 X100 Z100；

N140 M30；

【计划】　数控车削加工准备

一、加工准备

① 机床：_____机床，数控系统为_____。

② 夹具：_____。

③ 毛坯：毛坯为 $\phi 30 \times 122$ 的 45 钢铁棒（长 5mm 的余量）。

④ 程序：根据零件图编写程序，在机床控制面板手动输入即可。

二、填写数控车削加工工艺卡

学生在老师指导下填写加工工艺卡，并根据提示完成表 5-1。

表 5-1　凸模加工工艺卡

工种		材料		设备	
毛坯料尺寸				件数	

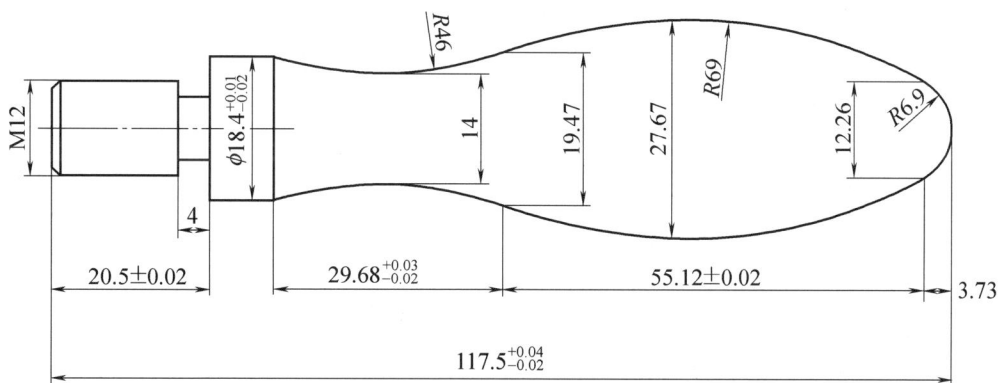

序号	加工步骤	刀具	量具	进给速度 /(mm/min)	主轴转速 /(r/min)	切削深度 /mm	备注
1							
2							
3							
4							
5							
主要工序说明及技术要求	1. 毛坯装夹要牢固,防止工件在加工过程中因受力被撞歪斜。 2. 根据实际刀具及加工零件的材料,查阅有关工作手册确定合理的切削用量。 3. 保证各个尺寸精度及相关几何公差						

【实施】 成形面零件的数控车削加工

一、数控车削加工要求

① 强调数控车床安全操作规程，做到安全文明生产。

② 注意零件装夹牢固，对刀准确，切削用量合理，防止铁屑粘在刀具上。

③ 正式加工前要检查夹具是否妨碍加工，所用的刀具是否齐全，工件坐标定位基准是否确定等。

④ 各小组学生根据要求完成零件的数控车削加工。

⑤ 检测零件加工质量，对不合格的零件进行原因分析，并提出解决方案。

二、数控车削步骤

① 用三爪自定心卡盘装夹好工件，高出卡盘 60mm，装好车刀，先车虚线左边的圆柱阶梯轴，并进行相应的切槽及车外螺纹 M12。

② 反过来第二次装夹，夹住 $\phi 30$mm 的圆柱，进行相应的尺寸控制及总长控制，利用循环指令 G73 加工成形面圆弧。

【检验与评估】 工件检验与质量评估

一、质量检测

零件加工完毕，请同学们根据表 5-2 的要求，进行自检、互检，并对存在的问题进行分析，提出有效的解决办法。

表 5-2 零件质量检测和分析表

工种			零件图号		使用时间			
序号	项目	考核要求	配分	评分标准	自检	互检	教师检	

质量问题分析及解决方法（学生填写）

提示与评价（教师填写）

续表

质量评定：

自检得分：_____ 互检得分：_____ 教师检得分：_____ 综合得分：_____

说明：综合得分＝0.3×自检＋0.3×互检＋0.4×教师检

二、评价反馈

1. 学习反馈

（1）在加工过程中，是否因为读数失误而出现对刀问题或断刀问题？主要原因是什么？

（2）通过模拟仿真尝试选用不同的加工方案，能否成功实现加工？

（3）本次工件加工最关键的环节是什么？

2. 教师评价

请教师根据学生在整个学习过程中的表现填写表 5-3。

表 5-3　学生评价表

评价指标	评价等级			
	A	B	C	D
出勤情况				
工具摆放				
清洁卫生				
安全文明操作机床				
学材填写				
零件加工				

教师签名_____　　　　　　　____年____月____日

三、拓展任务

完成图 5-5 所示图纸的程序编制及数控加工。

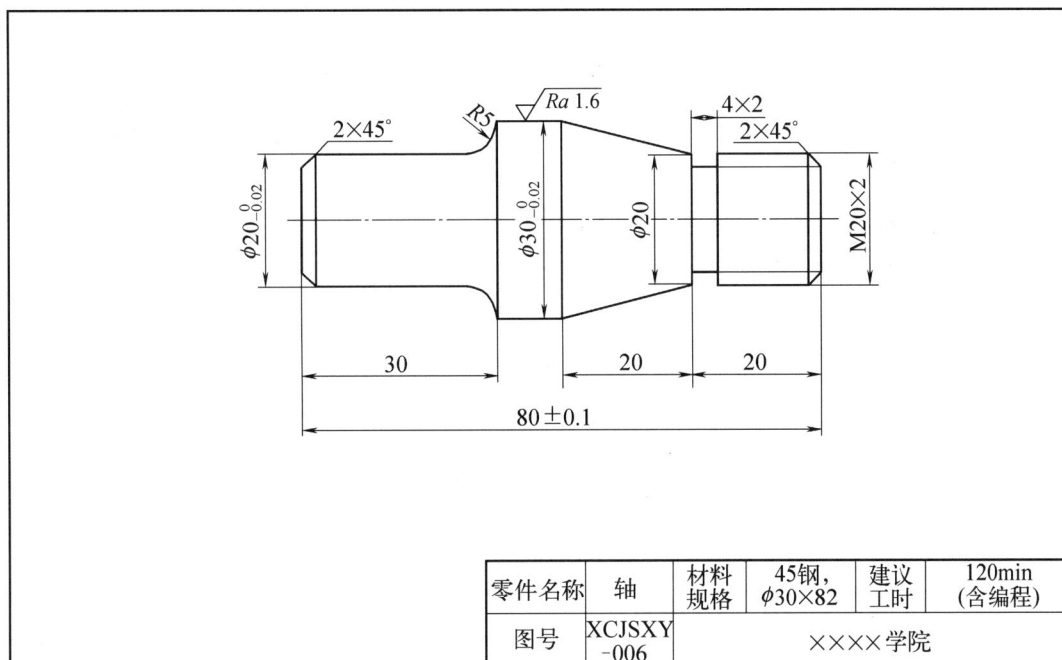

零件名称	轴	材料规格	45钢，$\phi30\times82$	建议工时	120min（含编程）
图号	XCJSXY-006		××××学院		

图 5-5　拓展任务零件图

学习情境六
配合件的加工

概述： 本情境旨在通过学习配合件的加工，让学生掌握配合件加工工艺分析、手工编程及加工。前面的几个项目都是单件零件的加工，只要保证一件零件的加工精度即可，但日常生活中的产品大多数都是以几个单件装配成一整体的形式存在的，因此在加工单件尺寸时还要考虑到配合尺寸的影响，在加工顺序、尺寸偏差控制上要特别对待，不能随意将尺寸控制在公差之内就算完成。本项目重点掌握内孔加工、配合加工和保证配合精度（如锥度配合、螺纹配合等）的方法。

课程目标	目标内容
学习目标	1. 掌握标准螺纹大小径、锥度的相关尺寸的计算方法 2. 能保证零件的各个尺寸精度 3. 掌握内孔的编程和加工方法 4. 掌握配合件的加工工艺、加工质量的分析
思政目标	通过正确的机床操作完成配合件的加工任务,在加工过程中熟练掌握配合件的尺寸精度的加工方法和配合精度的测量方法,树立高质量加工意识,弘扬一丝不苟、精益求精的大国工匠精神
能力目标	重点掌握内孔加工的特点分析、配合件的加工工艺分析、精加工/配合精度的控制、数控编程、装夹方案等知识的综合运用和实践

【资讯】　孔类零件的工艺特点

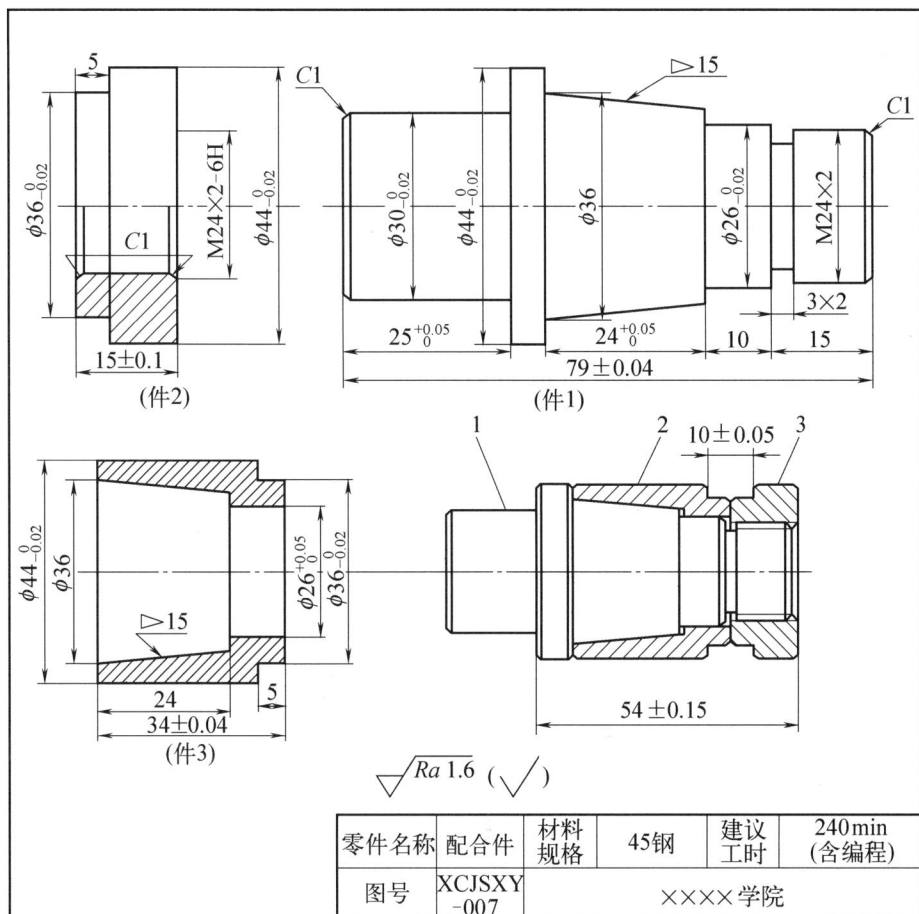

图 6-1 所示零件由各个部分配合而成，这样的配合件我们该怎样加工？

思考与讨论

零件名称	配合件	材料规格	45钢	建议工时	240min（含编程）
图号	XCJSXY-007	××××学院			

图 6-1　孔类零件

一、加工孔类零件常用切削工具

加工孔类零件常用切削工具如图 6-2 所示。

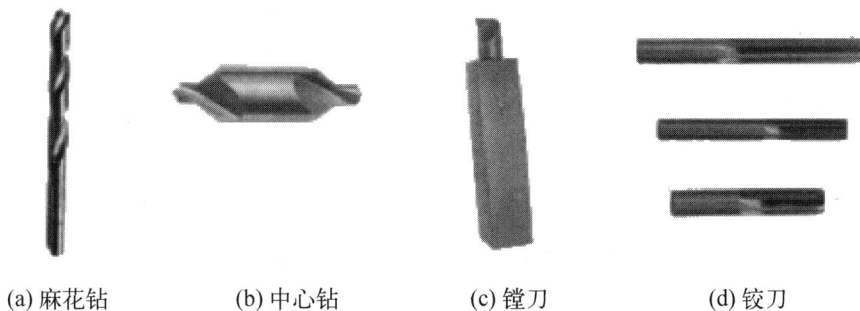

(a) 麻花钻　　　　(b) 中心钻　　　　(c) 镗刀　　　　(d) 铰刀

图 6-2　加工孔类零件常用切削工具

麻花钻：常用来钻削精度较低和表面粗糙的孔（$\phi 12$mm 及以下的用直柄，$\phi 12$mm 以上的用锥柄）。

中心钻：用于加工中心孔。

镗刀：用来扩孔及用于孔的粗、精加工。

铰刀：用于中小型孔的加工。

二、利用麻花钻钻孔

要在实心材料上加工出孔，必须先用钻头钻出一个孔来，钻头刚性较差，钻孔时钻头容易发生偏斜，通常在用麻花钻头钻孔前，用刚性好的中心钻钻一个小孔（转速 800r/min 左右），用于引正麻花钻开始钻孔时的定位和钻削方向。麻花钻头钻孔时（转速 300r/min 左右）切下的切屑体积大，钻孔时排屑困难，产生的切削热大而冷却效果差，使得刀刃容易磨损，所以钻孔时要加注冷却液，并且钻入一定深度后及时退出排屑，防止钻头折断。

三、内孔镗刀装刀、对刀

1. 装刀

① 刀尖应与工件中心等高或稍高。

② 尽量选粗的刀杆，刀柄伸出不宜过长，一般比孔深长 5～10mm，以提高刚性。

③ 刀柄基本平行于工件轴线，否则镗到一定深度后，刀杆后半部分会碰孔壁。

④ 为了确保镗孔安全，在镗孔前把镗刀在孔内试走一遍，方能保证镗孔顺利。

⑤ 精车内孔时，应保持刀刃锋利，否则容易产生让刀，把孔车成锥形。

2. 对刀

① Z 轴对刀。在"手轮"方式下，以较小进给速率轻碰工件端面后，在相应刀号的刀补中输入 Z0。

② X 轴对刀。在"手轮"方式下，以较小进给速率试切工件内孔，退出刀具，测量内孔的直径值，在相应刀号的刀补中输入 X 孔径值。

四、内孔加工编程

数控车削内孔的指令与外圆车削指令基本相同，但也有区别，编程时应注意：

① 粗车循环指令 G71，在加工外径时余量 U 为正，但在加工内孔时余量 U 应为负。

② 加工内孔轮廓时，切削循环的起点 S、切出点 Q 的位置选择要慎重，要保证刀具在狭小的内孔中移动而不干涉工件。起点 S、切出点 Q 的 X 值一般取与预加工孔直径稍小一点的值。图 6-3 内孔加工编程如下（假设基孔直径为 20mm）：

G0 X19 Z2；（快进到 G71 循环起刀点）

G71 U1 R0.5；

G71 P10 Q20 U−0.5 W0.1 F100；

N10 Gl X36；

……

N20 Gl X19；（退刀至 φ19 处）

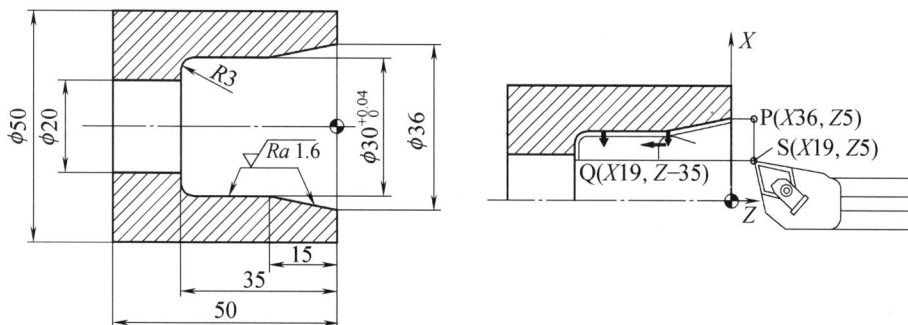

图 6-3　车削内孔

五、检验圆锥面的配合精度

锥度的检验一般采用涂色法来检测，具体做法是：精加工外锥后（留0.5mm 的余量）将红丹油均匀涂抹 2～4 条线在外锥上，然后将件 3 的内锥孔套入件 1 外锥对研转动 60°～120°，抽出锥套看表面涂料的擦拭痕迹来判断内圆锥的好坏，接触面积越多，锥度越好，反之则不好。若是大端接触面积多，而小端接触面积少，则说明外锥的角度偏大了，大端直径要再车小一点；反之，若大端接触面积少，而小端接触面积多，则说明外锥的角度偏小了，小端直径要再车小一点。待锥度配合达标以后再把外锥上留的余量车掉，使大端直径为 φ36mm。

六、配合件加工的工艺分析

（一）外圆找正

① 固定表座在机床水平位置。

② 使测量头与工件的外圆接触，并预先将测头压下 1mm 以消除间隙。

③ 手动转动卡盘一圈，百分表上读数最大的差值为该测量面上的径向圆跳动误差。

④ 用铜棒先敲百分表显示工件跳动最大的外圆处，直到跳动的差值为最小。

⑤ 锁紧工件，手动再次转动卡盘，看百分表上读数最大的差值，再用铜棒敲击最大跳动值处，直到跳动为最小（一般在 0.02mm 以内）。

（二）端面找正

① 固定表座在机床水平位置。

② 使测量头与工件的面端接触，并预先将测头压下 1mm 以消除间隙。

③ 手动转动卡盘一圈，百分表上读数最大的差值为该测量面上的径向圆跳

动误差。

④ 用铜棒先敲百分表显示工件跳动最大的端面处，直到跳动的差值为最小。

⑤ 锁紧工件，手动再次转动卡盘，看百分表上读数最大的差值，再用铜棒敲击最大跳动值处，直到跳动为最小（一般在 0.02mm 以内）。

（三）配合加工工艺分析

配合件加工如图 6-4～图 6-5 所示。

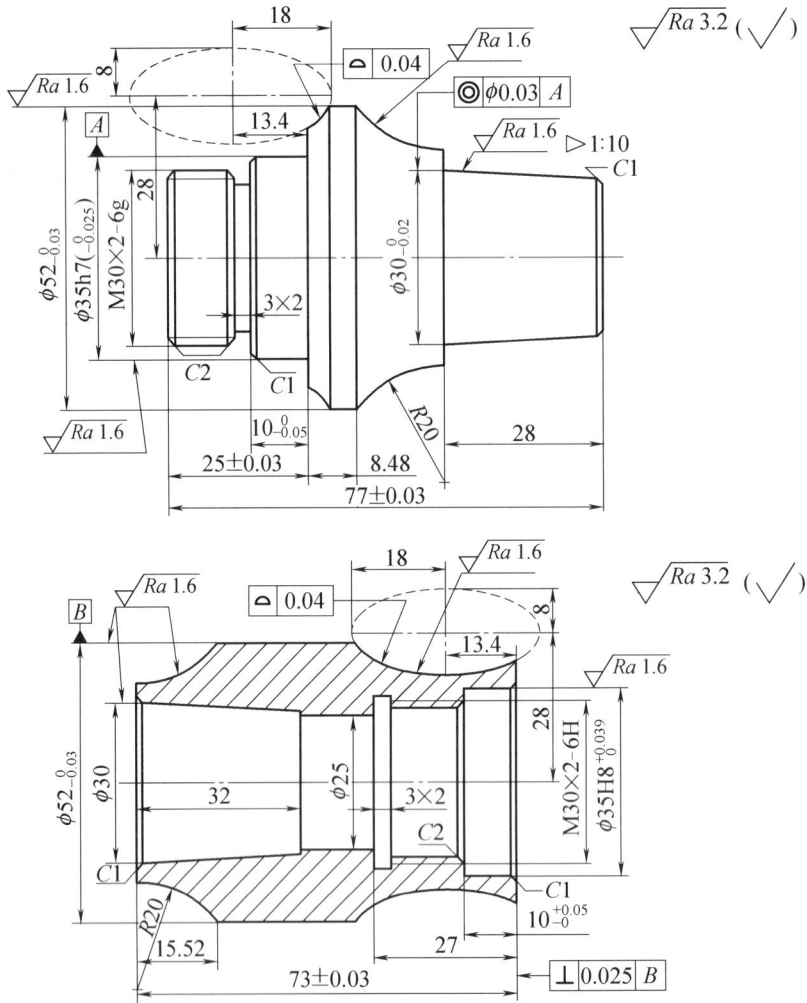

图 6-4　件一、件二配合图

工艺分析：

① 夹件一的右端，加工件一左边的外圆 $\Phi52$mm、$\Phi35$mm，切螺纹退刀槽，加工螺纹 M30×2-6g。

② 夹件一的左端，打表找正，控制长度尺寸，加工件一右边的锥度、圆弧 R20。

③ 夹件二的右端，先打中心孔，再钻 $\Phi30$mm 孔，加工外圆 $\Phi52$mm、圆弧 R20，镗孔加工 $\Phi25$mm 圆孔、锥度面达到完全相互接触。

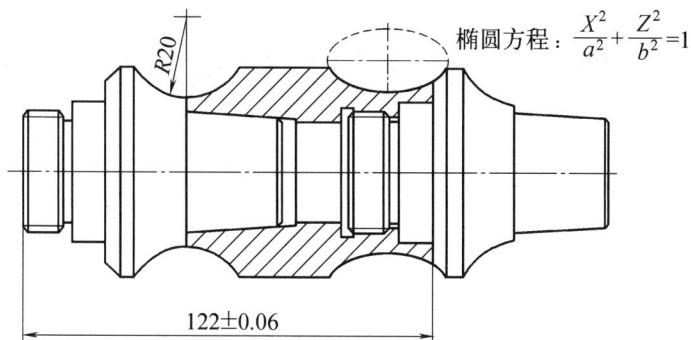

椭圆方程：$\dfrac{X^2}{a^2}+\dfrac{Z^2}{b^2}=1$

122 ± 0.06

图 6-5　配合件加工

④ 夹件二左边 $\varPhi52\text{mm}$，打表找正，控制长度尺寸，打中心孔，镗孔加工 $\varPhi35\text{mm}$ 的孔，切 $3\text{mm}\times2\text{mm}$ 退刀内槽，加工 $M30\times2\text{-}6H$ 内螺纹。

⑤ 将件一与件二拧紧配合起来，夹件二的左边 $\varPhi52\text{mm}$，打表找正，最后加工 $18\text{mm}\times8\text{mm}$ 椭圆。

七、实训图

完成图 6-6 配合件的程序编制和加工。

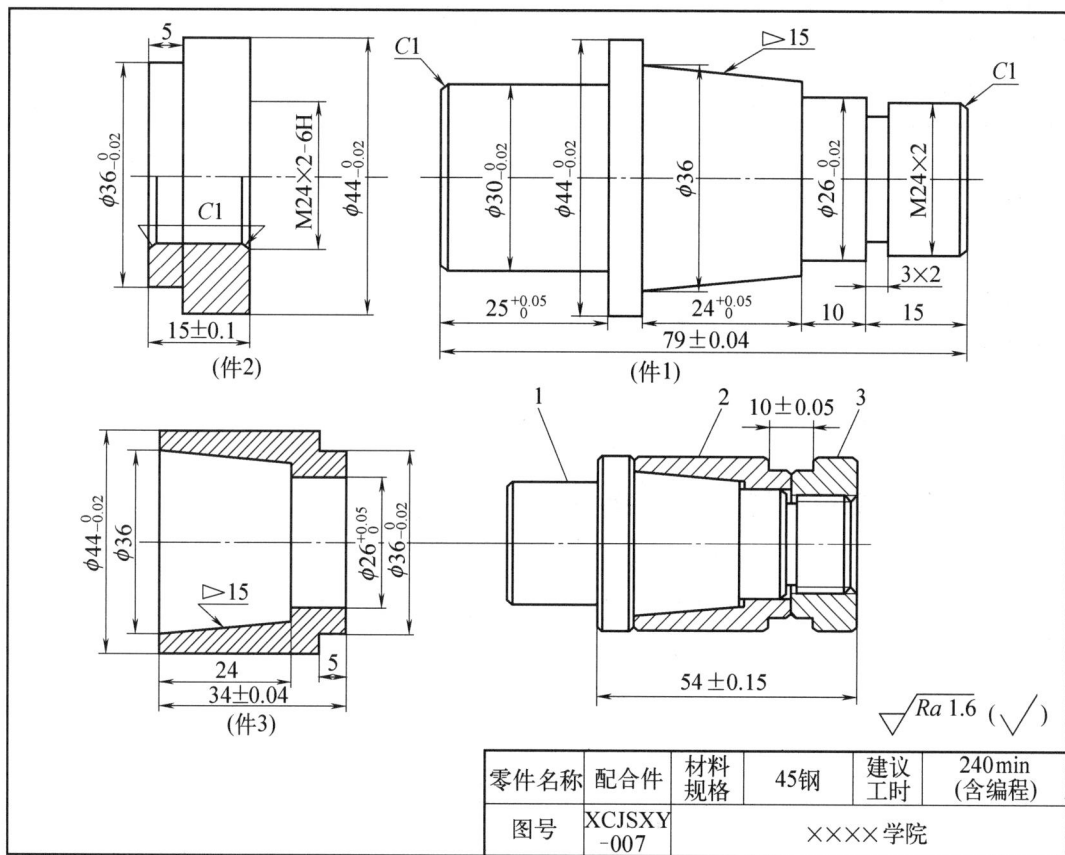

零件名称	配合件	材料规格	45钢	建议工时	240min（含编程）
图号	XCJSXY-007		××××学院		

图 6-6　配合件实训图

【决策】 装夹与零件程序的编制

一、零件工艺分析

1. 零件图分析

此套零件为三件配合件，主要有圆锥面配合（要有 60％ 以上接触面积）和螺纹配合，配合后长度方向尺寸有两个精度要求：为 10 ± 0.05 和 54 ± 0.15，零件直径方向的尺寸公差要求为：外径 $\phi^{0}_{-0.02}$，内径 $\phi^{+0.02}_{0}$。

2. 确定装夹方案

件 3：_____。

件 2：_____。

件 1：_____。

3. 确定加工顺序及走刀路线

件 3 和件 1 中有锥度为 1∶5 的内、外圆锥面配合，生产中一般先加工内锥，再以内锥为基准去加工外锥，据此决定先加工件 3 再加工件 2，因此三个零件的加工顺序可以安排为 3—2—1。加工顺序按照外圆先行、先粗后精的原则来制定。

具体的加工步骤（分别写出三个零件加工先后顺序）如下。

步骤 1：

步骤 2：

步骤 3：

步骤 4：

步骤 5：

二、手动编写加工程序（表 6-1～表 6-3）

表 6-1 件 3 加工程序

程序	程序
O1236； （件 3）	G1 X20 F20；
M3 S300 T0101； （换外圆刀）	G0 X100 Z100；
G0 X45 Z2；	M00；（掉头装夹,车端面至总长要求）
G71 U1 R1 F100；	M3 S300 T0404； （换内孔车刀）
G71 P1 Q2 U0.5 W0；	G0 X24 Z2；

续表

程序	程序
N1 G0 X35；	G71 U1 R1 F100；
G1 Z0 F70；	G71 P3 Q4 U－0.5 W0；
X36 Z－0.5；	N3 G0 X36；
Z－5；	G1 Z0 F70；
X43；	X31.2 Z－24；
X44 Z－5.5；	X26；
N2 Z－38；	Z－35；
M00；	N4 X22；
M3 S500 T0101；	M00；
G0 X45 Z2；	M3 S500 T0404；
G70 P1 Q2；	G0 X24 Z2；
M00；（钻孔 ϕ24）	G70 P3 Q4；
M3 S250 T0202；　（换切断刀）	G0 X100 Z100；
G0 X46 Z－37.5；	M30；

表 6-2　件 2 的加工程序

程序	程序
O1237；　（件 2）	M3 S300 T0303；（换内孔车刀）
M3 S300 T0101；　　（外圆刀）	G0 X20 Z2；
G0 X45 Z2；	G71 U1 R1 F100；
G71 U1 R1 F100；	G71 P3 Q4 U－0.5 W0；
G71 P1 Q2 U0.5 W0；	N3 G0 X24；
N1 G0 X35；	G1 Z0 F70；
G1 Z0 F70；	X22 Z－1；
X36 Z－0.5；	Z－16；
Z－5；	N4 X18；
X43；	M00；
X44 Z－5.5；	M3 S500 T0404；
N2 Z－15；	G0 X20 Z2；
M00；	G70 P3 Q4；
M3 S500 T0101；	G0 X100 Z100；
G0 X45 Z2；	M3 S500 T0404；（换内螺纹刀）
G70 P1 Q2；	G0 X20 Z2；

续表

程序	程序
M00；（钻孔 ϕ20）	G92 X22.8 Z−17 F2；
M3 S250 T0202；（换切断刀）	X23.4；
G0 X46 Z−18.5；	X22；
G1 X20 F20；	G0 X100 Z100；
G0 X100 Z100；	M30；
M00；（装夹，车端面至总长要求）	

表 6-3　件 1 的加工程序

程　　序	程　　序
O1234；（零件左端部分）	X24 Z−2；
M3 S300 T0101；（外圆车刀）	Z−15；
G0 X45 Z2；	X26；
G71 U1 R1 F100；	Z−25；
G71 P1 Q2 U0.5 W0；	X31.7；（留 0.5mm 作锥配的余量）
N1 G0 X28；	X36.5 Z−49；（留 0.5mm 作锥配的余量）
G1 Z0 F70；	X43；
X30 Z−1；	N2 X44 Z−49.5；　（倒角 C0.5）
Z−25；	M00；
X47；	M3 S450 T0101；
X48 Z−25.5；	G0 X45 Z2；
N2 Z−32；	G70 P1 Q2；
M3 S450 T0101；	G00 X100 Z100；
G0 X45 Z2；	M3 S250 T0202；
G70 P1 Q2；	G0 X28 Z−15；
M00；	G1 X20 F20；
G70 P1 Q2；	G0 X100；
M00；	Z100；
G0 X100 Z100；	M3 S300 T0202；　（换外螺纹刀）
M30；	G0 X26 Z2；
O1235；（零件右端部分）	G92 X23 Z−16.5 F2；
M3 S300 T0101；（外圆车刀）	X22.2；
G0 X45 Z2；	X21.8；
G71 U1 R1 F100；	X21.6；
G71 P1 Q2 U0.5 W0；	X21.4；

续表

程　序	程　序
N1 G0 X20；	X21.4；
G1 Z0 F70；	G0 X100 Z100；
	M30；

【计划】 零件数控车削加工准备

一、加工准备

① 机床：＿＿＿＿＿＿机床，数控系统为＿＿＿＿＿＿＿＿＿＿。

② 夹具：＿＿＿＿＿＿＿＿（或＿＿＿＿＿＿＿＿＿）。

③ 填写量具量程：游标卡尺（＿＿＿＿＿＿＿）、外径千分尺（＿＿＿＿＿＿＿）、内径千分尺（＿＿＿＿＿＿＿）、螺纹中径千分尺（＿＿＿＿＿＿＿）。

④ 工具：＿＿＿＿＿、＿＿＿＿＿、＿＿＿＿＿、＿＿＿＿＿。

⑤ 毛坯：材料为铁棒材，件 1 尺寸为 $\phi45\times82mm$，件 2、3 尺寸为 $\phi45\times500mm$。

⑥ 程序：在编辑方式下手动输入即可。

二、填写数控车削加工工艺卡

学生在教师指导下制订回转体零件的加工工艺卡，并根据提示完成表 6-4、～表 6-6。

表 6-4 件 1 加工工艺卡

工种		材料		设备	
毛坯料尺寸				件数	

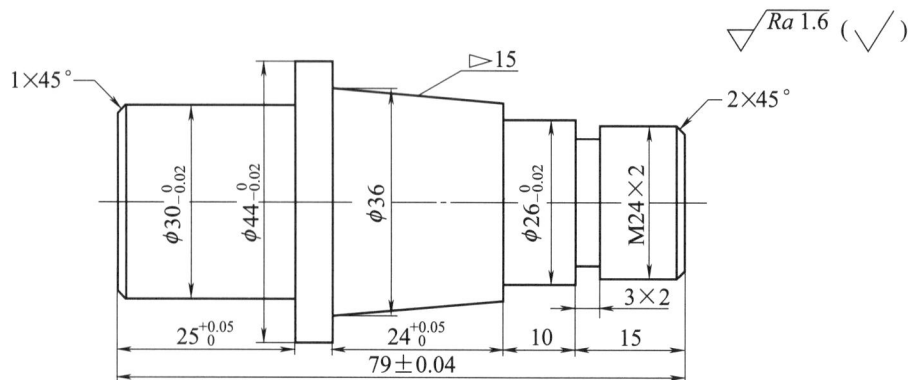

续表

序号	加工步骤	刀具	量具	进给速度 /(mm/min)	主轴转速 /(r/min)	切削深度 /mm	备注
1							
2							
3							
4							
5							
主要工序说明及技术要求	1. 毛坯装夹要牢固,防止工件在加工过程中因受力而被撞歪斜或撞飞。 2. 根据实际刀具及加工零件的材料,查阅有关工作手册确定合理的切削用量。 3. 保证各个尺寸精度及相关几何公差						

表 6-5　件 2 加工工艺卡

工种		材料		设备		
毛坯料尺寸				件数		

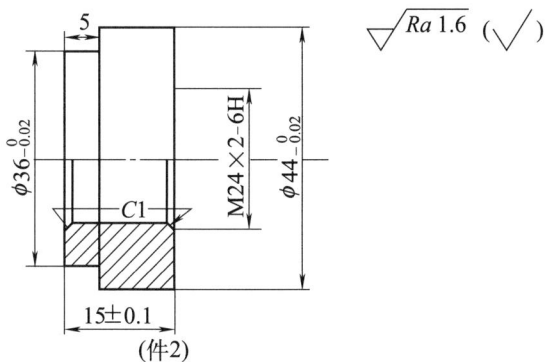

(件2)

序号	加工步骤	刀具	量具	进给速度 /(mm/min)	主轴转速 /(r/min)	切削深度 /mm	备注
1							
2							
3							
4							
5							
主要工序说明及技术要求	1. 毛坯装夹要牢固,防止工件在加工过程中因受力而被撞歪斜或撞飞。 2. 根据实际刀具及加工零件的材料,查阅有关工作手册确定合理的切削用量。 3. 保证各个尺寸精度及相关几何公差						

表 6-6　件 3 加工工艺卡

工种		材料		设备	
毛坯料尺寸				件数	

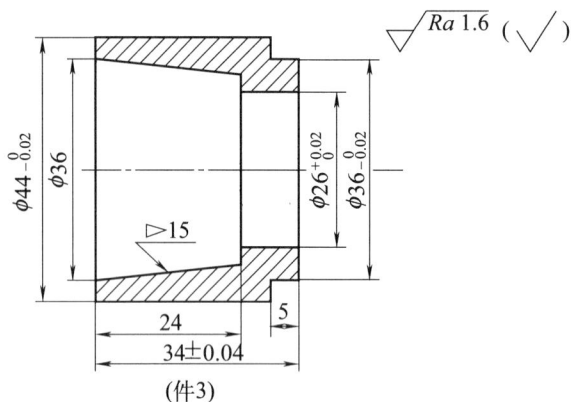

(件3)

$\sqrt{}$ $Ra\,1.6$ $(\sqrt{})$

序号	加工步骤	刀具	量具	进给速度 /(mm/min)	主轴转速 /(r/min)	切削深度 /mm	备注
1							
2							
3							
4							
5							
主要工序说明及技术要求	1. 毛坯装夹要牢固,防止工件在加工过程中因受力而被撞歪斜或撞飞。 2. 根据实际刀具及加工零件的材料,查阅有关工作手册确定合理的切削用量。 3. 保证各个尺寸精度及相关几何公差						

【实施】　孔类零件数控车削加工

一、孔类零件加工编程

根据前面所确定的加工方案进行孔类零件车削加工编程。

二、零件数控车削加工要求

① 强调数控车床安全操作规程，做到安全文明生产。
② 注意零件装夹牢固，对刀准确，切削用量合理，防止烧刀、崩刀。
③ 正式加工前要检查工件的程序是否正确，伸出长度是否足够，所用的刀具是否齐全，对刀是否正确等。
④ 各小组学生根据要求完成零件的数控车削加工。
⑤ 检测零件加工质量，对不合格的零件进行原因分析，并提出解决方案。

三、零件的数控车削步骤示范（以件 1 为例）

① 用三爪自定心卡盘装夹好工件，伸出卡盘约 40mm，装好各种车刀，先用 75°外圆刀手动车一外圆（保证直径在 49mm 以上）；
② 掉头装夹刚车出的外圆，工件伸出长度约 37mm，用 75°外圆刀车平端面；
③ 用 90°外圆刀车工件左端的 ϕ30mm、ϕ44mm 外圆；
④ 掉头夹持工件 ϕ30mm 外圆轴肩处，找正后用 75°外圆刀车平工件端面至总长要求；
⑤ 用 90°外圆刀车工件右端外轮廓（注意外圆锥要与件 3 的内圆锥相配）；
⑥ 用切断刀切 3×2 退刀槽；
⑦ 用外螺纹刀车 M24×2 外螺纹（要保证能与件 2 的内螺纹顺畅旋合）。

【检验与评估】 零件质量检验与评估

一、质量检测

零件加工完毕，请同学们根据表 6-7 的要求，进行自检、互检，并对存在的问题进行分析，提出有效的解决办法。

表 6-7 零件质量检测和分析表

姓名			班别			零件名称				
定额时间	180min		完成日期			总得分				
序号	考核项目	考核内容及要求		配分	评分标准	检测结果	扣分	得分	备注	
1	外圆	φ44mm		8	超差 0.01 扣 2 分				件 3	
2			Ra1.6	2	降一级扣 2 分					
3		φ30mm		8	超差 0.01 扣 2 分					
4			Ra1.6	2	降一级扣 2 分					
5		φ26mm		8	超差 0.01 扣 2 分					
6			Ra1.6	2	降一级扣 2 分					
7	长度	24		7	超差 0.01 扣 2 分					
8		25		7	超差 0.01 扣 2 分					
9		79		7	超差 0.01 扣 2 分					
10	长度	10		7	超差 0.01 扣 2 分				配合	
11		54		7	超差 0.01 扣 2 分					
12	螺纹	M24×2		10	不合格不得分					
13	锥度	配合面积	60%	11	不合格不得分					
14	倒角			14	少一处扣 1 分					
15	文明生产	按有关规定每违反一项从总分中扣 3 分,发生重大事故取消实训							扣分不超过 10 分	
	其他项目	一般按照 GB/T 1804—2000 执行							扣分不超过 10 分	
		工件必须完整,考件局部无缺陷(夹伤等)								
	加工时间	超时 3min 不扣分,超时 5min 扣 3 分,超时 10min 终止加工								
总分				100	得分					

质量问题分析及解决方法(学生填写)

续表

提示与评价(教师填写)

质量评定:

自检得分:_____　互检得分:_____　教师检得分:_____　综合得分:_____

说明:综合得分=0.3×自检+0.3×互检+0.4×教师检

二、评价反馈

(一)学习反馈

1. 数控车床内孔加工时用到哪些复合循环指令?

2. 在配合类零件编程加工中,你遇到过哪些难题?你是通过什么方法解决的?

3. 本次工件加工最关键的环节是什么?

4. 零件加工完成后,如果不达到要求,请分析原因是什么。

(二)教师评价

教师根据学生在整个学习过程中的表现填写表6-8。

表6-8　学生评价表

评价指标	评价等级			
	A	B	C	D
出勤情况				
工具摆放				

续表

评价指标	评价等级			
	A	B	C	D
清洁卫生				
安全文明操作机床				
学材填写				
零件加工				

教师签名_____ ___年___月___日

三、拓展任务

完成图 6-7 所示零件的程序编制和加工。

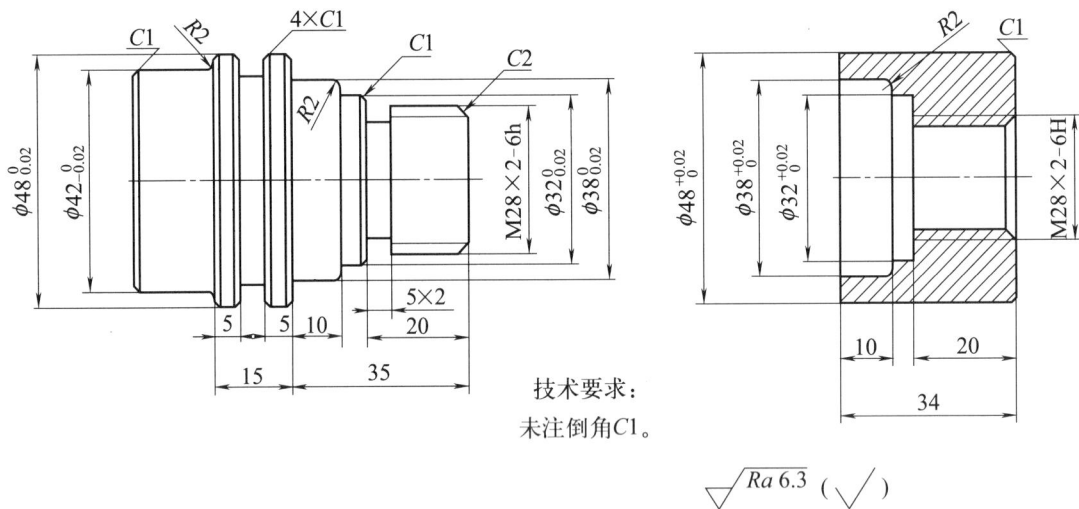

技术要求：
未注倒角C1。

图 6-7 拓展任务零件图

附录

一、常见 G 指令一览表

指令字	组别	功能	备注
G00		快速移动	初态 G 指令
G01		直线插补	
G02		圆弧插补（逆时针）	
G03		圆弧插补（顺时针）	
G32	01	螺纹切削	模态 G 指令
G90		轴向切削循环	
G92		螺纹切削循环	
G94		径向切削循环	
G04		暂停、准停	
G28		返回机械零点	
G50		坐标系设定	
G65		宏指令	
G70		精加工循环	
G71	00	轴向粗车循环	非模态 G 指令
G72		径向粗车循环	
G73		封闭切削循环	
G74		轴向切槽多重循环	
G75		径向切槽多重循环	
G76		多重螺纹切削循环	

续表

指令字	组别	功能	备注
G96	02	恒线速开	模态 G 指令
G97		恒线速关	初态 G 指令
G98	03	每分钟进给	初态 G 指令
G99		每转进给	模态 G 指令
G40	04	取消刀尖半径补偿	初态 G 指令
G41		刀尖半径左补偿	模态 G 指令
G42		刀尖半径右补偿	

　　G 指令字分为 00、01、02、03、04 组。除 01 与 00 组代码不能共段外，同一个程序段中可以输入几个不同组的 G 指令字，如果在同一个程序段中输入了两个或两个以上的同组 G 指令字时，最后一个 G 指令字有效。没有共同参数（指令字）的不同组 G 指令可以在同一程序段中，功能同时有效并且与先后顺序无关。

二、常见 M 指令一览表

指令	功能	备注
M00	程序暂停	
M03	主轴正转	功能互锁,状态保持
M04	主轴反转	
* M05	主轴停止	
M08	冷却液开	功能互锁,状态保持
* M09	冷却液关	
M10	尾座进	功能互锁,状态保持
M11	尾座退	
M12	卡盘夹紧	功能互锁,状态保持
M13	卡盘松开	
M32	润滑开	功能互锁,状态保持
* M33	润滑关	
* M41、M42、	主轴自动换挡	功能互锁,状态保持

三、切削用量表

表 1　硬质合金刀具推荐切削用量

刀具材料	工件材料	粗加工			精加工		
		切削速度/(m/min)	进给量/(mm/r)	背吃刀量/mm	切削速度/(m/min)	进给量/(mm/r)	背吃刀量/mm
硬质合金或涂层硬质合金	碳钢	220	0.2	3	260	0.1	0.4
	低合金钢	180	0.2	3	220	0.1	0.4
	高合金钢	120	0.2	3	160	0.1	0.4
	铸铁	80	0.2	3	120	0.1	0.4
	不锈钢	80	0.2	2	60	0.1	0.4
	钛合金	40	0.2	1.5	150	0.1	0.4
	灰铸铁	120	0.2	2	120	0.15	0.5
	球墨铸铁	100	0.2 0.3	2	120	0.15	0.5
	铝合金	1600	0.2	1.5	1600	0.1	0.5

表 2　常用切削用量推荐表

工件材料	加工内容	背吃刀量 a_p/mm	切削速度 v_c/(m/min)	进给量 f/(mm/r)	刀具材料
碳素钢 $\sigma_b > 600$MPa	粗加工	5～7	60～80	0.2～0.4	YT 类
	粗加工	2～3	80～120	0.2～0.4	
	精加工	2～6	120～150	0.1～0.2	
碳素钢 $\sigma_b > 600$MPa	钻中心孔		500～800r/min	钻中心孔	W18Cr4V
	钻孔		25～30	钻孔	
	切断(宽度<5mm)	70～110	0.1～0.2	切断(宽度<5mm)	YT 类
铸铁 HBS<200	粗加工		50～70	0.2～0.4	YG 类
	精加工		70～100	0.1～0.2	
	切断(宽度<5mm)	50～70	0.1～0.2		
	切断(宽度<5mm)	50～70	0.1～0.2	切断(宽度<5mm)	

四、普通螺纹基本尺寸（GB 196—2003 摘录）

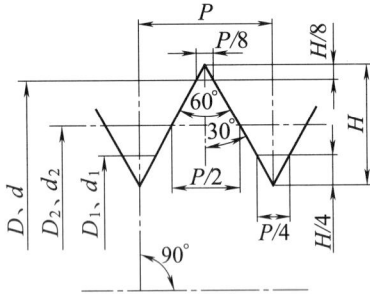

$$H = 0.866P$$
$$d_2 = d - 0.6495P$$
$$d_1 = d - 1.0825P$$

D、d — 内、外螺纹大径

D_2、d_2 — 内、外螺纹中径

D_1、d_1 — 内、外螺纹小径

P — 螺距

标记示例：

M20－6H

公称直径 20 粗牙右旋内螺纹，中径和大径公差带均为 6H

M20－6g

公称直径 20 粗牙右旋外螺纹，中径和大径公差带为 6g

M20－6H/6g（上述规格的螺纹副）

M20×2 左－5g 6g－S

公称直径 20、螺距 2 细牙左旋外螺纹，中径和大径公差带分别为 5g、6g，短旋合长度

公称直径 D、d 第一系列	第二系列	螺距 P	中径 D_2、d_2	小径 D_1、d_1
3		0.5	2.675	2.459
		0.35	2.773	2.621
	3.5	(0.6)	3.110	2.850
		0.35	3.273	3.121
4		0.7	3.545	3.242
		0.5	3.675	3.459
	4.5	(0.75)	4.013	3.688
		0.5	4.175	3.959
5		0.8	4.480	4.134
		0.5	4.675	4.459
6		1	5.350	4.917
		0.75	5.513	5.188
8		1.25	7.188	6.647
		1	7.350	6.917
		0.75	7.513	7.188
10		1.5	9.026	8.376
		1.25	9.188	8.647
		1	9.350	8.917
		0.75	9.513	9.188

公称直径 D、d 第一系列	第二系列	螺距 P	中径 D_2、d_2	小径 D_1、d_1
12		1.75	10.863	10.106
		1.5	11.026	10.376
		1.25	11.188	10.647
		1	11.350	10.917
14		2	12.701	11.835
		1.5	13.026	12.376
		1	13.350	12.917
16		2	14.701	13.835
		1.5	15.026	14.376
		1	15.350	14.917
	18	2.5	16.376	15.294
		2	16.701	15.835
		1.5	17.026	16.376
		1	17.350	16.917
20		2.5	18.376	17.294
		2	18.701	17.835
		1.5	19.026	18.376
		1	19.350	18.917

公称直径 D、d 第一系列	第二系列	螺距 P	中径 D_2、d_2	小径 D_1、d_1
	22	2.5	20.376	19.294
		2	20.701	19.835
		1.5	21.026	20.376
		1	21.350.	20.917
24		3	22.051	20.752
		2	22.701	21.835
		1.5	23.026	22.376
		1	23.350	22.917
27		3	25.051	23.752
		2	25.701	24.835
		1.5	26.026	25.376
		1	26.350	25.917
30		3.5	27.727	26.211
		2	28.701	27.853
		1.5	29.026	28.376
		1	29.350	28.917
	33	3.5	30.727	29.211
		2	31.701	30.835
		1.5	32.026	31.376

公称直径 D、d		螺距 P	中径 D_2、d_2	小径 D_1、d_1	公称直径 D、d		螺距 P	中径 D_2、d_2	小径 D_1、d_1	公称直径 D、d		螺距 P	中径 D_2、d_2	小径 D_1、d_1
第一系列	第二系列				第一系列	第二系列				第一系列	第二系列			
36		4	33.402	31.670		45	4.5	42.077	40.129	56		5.5	52.428	50.046
		3	34.051	32.752			3	43.051	41.752			4	53.402	51.670
		2	34.701	33.835			2	43.701	42.835			3	54.051	52.752
		1.5	35.026	34.376			1.5	44.026	43.376			2	54.701	53.835
												1.5	55.026	54.376
39		4	36.402	34.670		48	4	44.752	42.587		60	(5.5)	56.428	54.046
		3	37.051	35.572			3	46.051	44.752			4	57.402	55.670
		2	37.701	36.835			2	46.701	45.835			3	58.051	56.752
		1.5	38.026	37.376			1.5	47.026	46.376			2	58.701	57.835
											1.5	59.026	58.376
42		4.5	39.077	37.129		52	5	48.752	46.587		64	6	60.103	57.505
		3	40.051	38.752			3	50.051	48.752			4	61.402	59.670
		2	40.701	39.835			2	50.701	49.835			3	62.051	60.752
		1.5	41.026	40.376			1.5	51.026	50.376					

注：1. "螺距 P" 栏中第一个数值为粗牙螺距，其余为细牙螺距。

2. 优先选用第一系列，其次第二系列，第三系列（表中未列出）尽可能不用。

3. 括号内尺寸尽可能不用。

五、数控车削编程训练图集

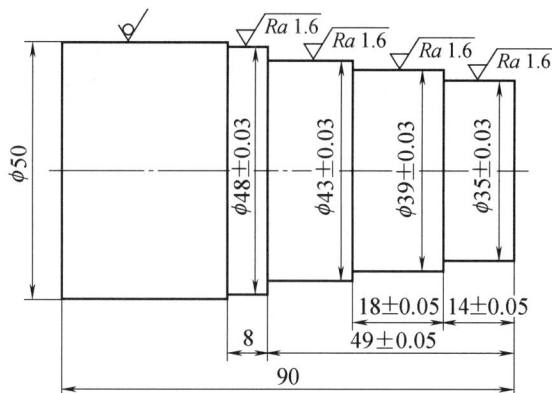

技术要求
1. R 不准用样板刀。
2. 不准用锉刀、砂布等修饰加工表面。
3. 锐角倒钝。
4. 未注倒角 1×45°。

考件名称	图号	比例	工时定额	毛坯尺寸
训练1	JZSCZ-02	1:1	60min	$\phi50×95$

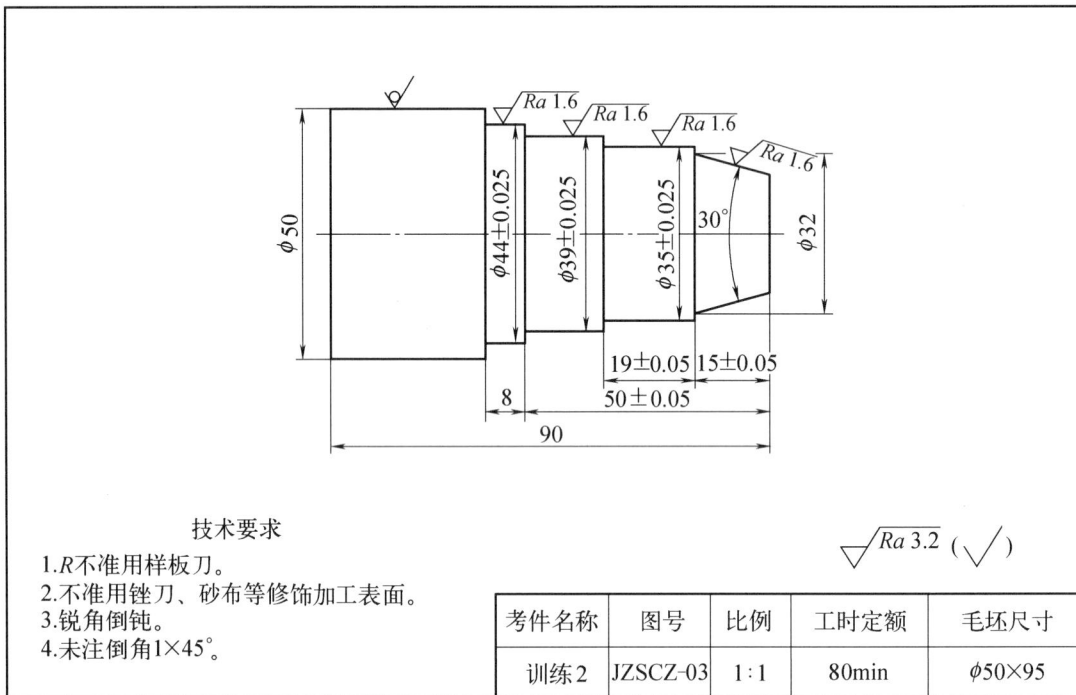

技术要求
1. R不准用样板刀。
2. 不准用锉刀、砂布等修饰加工表面。
3. 锐角倒钝。
4. 未注倒角1×45°。

$\sqrt{Ra\,3.2}$ ($\sqrt{}$)

考件名称	图号	比例	工时定额	毛坯尺寸
训练2	JZSCZ-03	1:1	80min	$\phi50\times95$

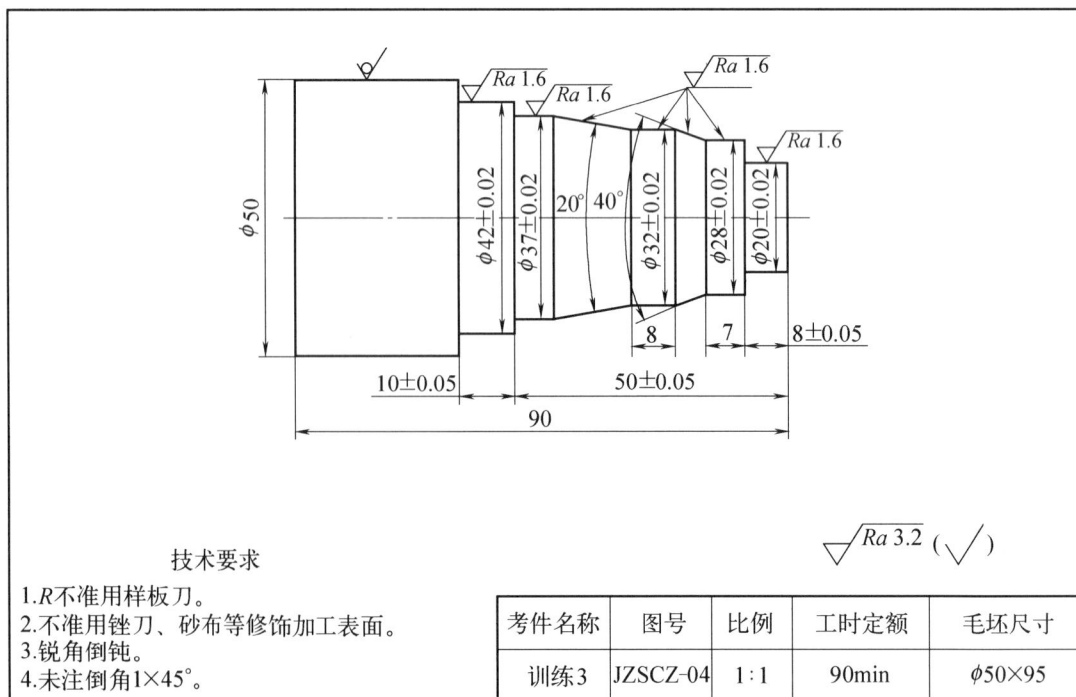

技术要求
1. R不准用样板刀。
2. 不准用锉刀、砂布等修饰加工表面。
3. 锐角倒钝。
4. 未注倒角1×45°。

$\sqrt{Ra\,3.2}$ ($\sqrt{}$)

考件名称	图号	比例	工时定额	毛坯尺寸
训练3	JZSCZ-04	1:1	90min	$\phi50\times95$

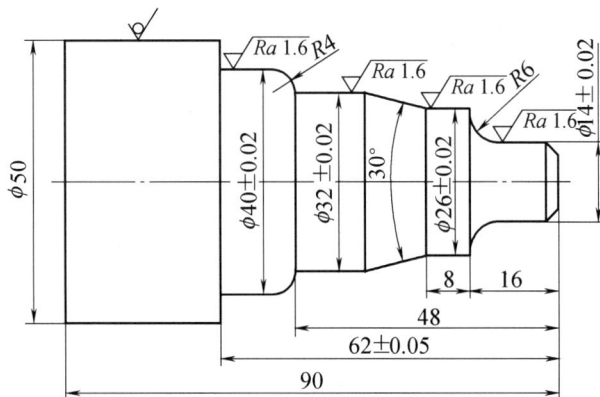

技术要求

1.R不准用样板刀。
2.不准用锉刀、砂布等修饰加工表面。
3.锐角倒钝。
4.未注倒角1×45°。

$\sqrt{Ra\,3.2}\ (\sqrt{})$

考件名称	图号	比例	工时定额	毛坯尺寸
训练4	JZSCZ-05	1:1	90min	$\phi50\times95$

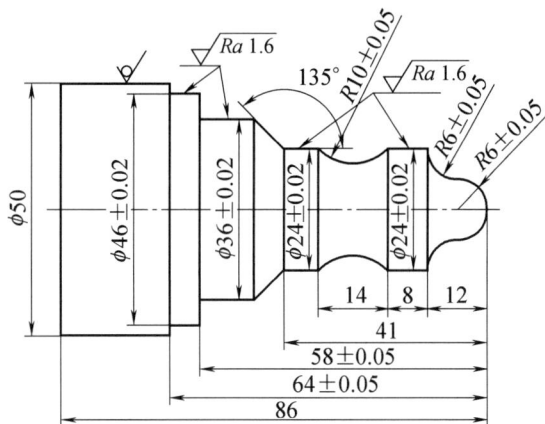

技术要求

1.R不准用样板刀。
2.不准用锉刀、砂布等修饰加工表面。
3.锐角倒钝。
4.未注倒角1×45°。

$\sqrt{Ra\,3.2}\ (\sqrt{})$

考件名称	图号	比例	工时定额	毛坯尺寸
训练5	JZSCZ-06	1:1	90min	$\phi50\times95$

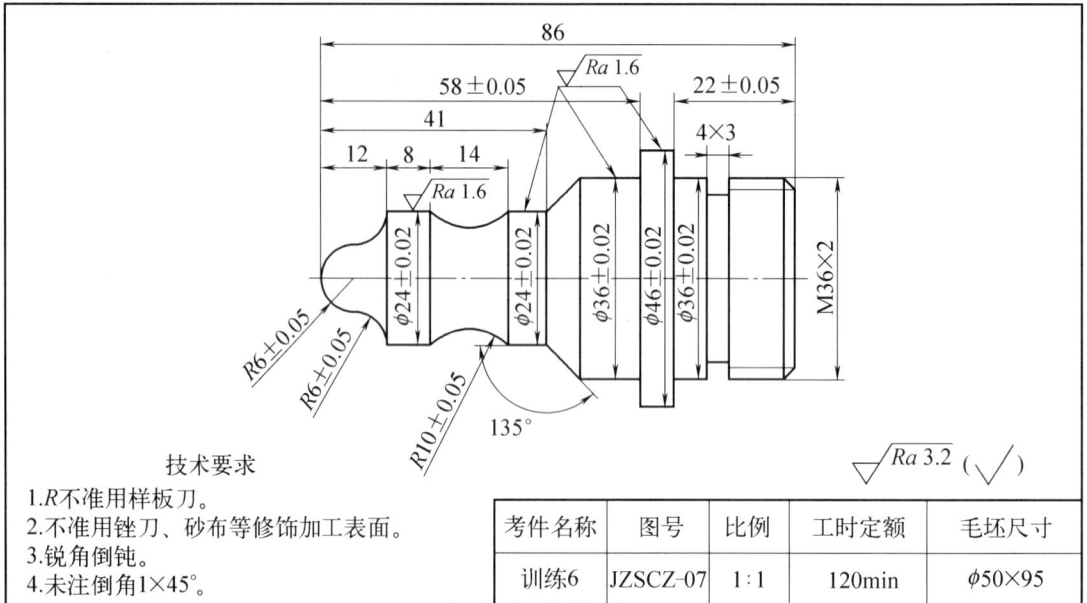

技术要求
1.R不准用样板刀。
2.不准用锉刀、砂布等修饰加工表面。
3.锐角倒钝。
4.未注倒角1×45°。

考件名称	图号	比例	工时定额	毛坯尺寸
训练6	JZSCZ-07	1:1	120min	φ50×95

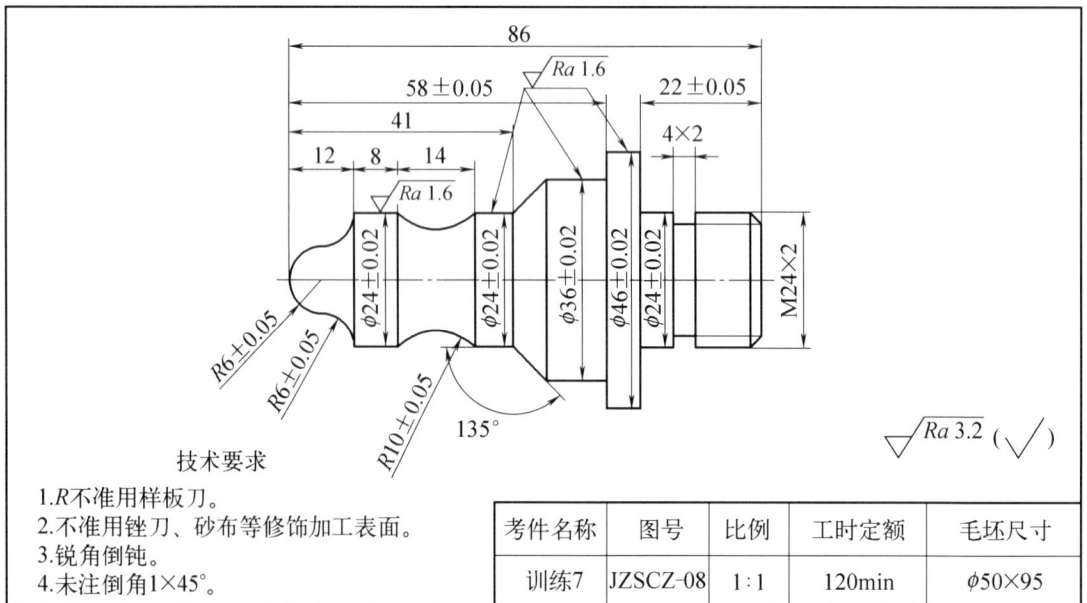

技术要求
1.R不准用样板刀。
2.不准用锉刀、砂布等修饰加工表面。
3.锐角倒钝。
4.未注倒角1×45°。

考件名称	图号	比例	工时定额	毛坯尺寸
训练7	JZSCZ-08	1:1	120min	φ50×95

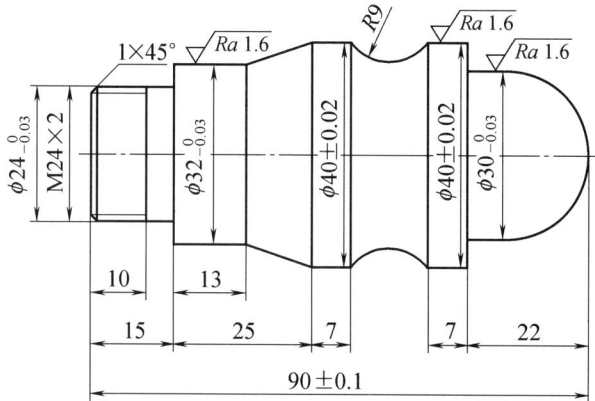

技术要求

1. R不准用样板刀。
2. 不准用锉刀、砂布等修饰加工表面。
3. 锐角倒钝。
4. 未注倒角1×45°。

考件名称	图号	比例	工时定额	毛坯尺寸
训练9	JZSCZ-10	1:1	120min	φ50×95

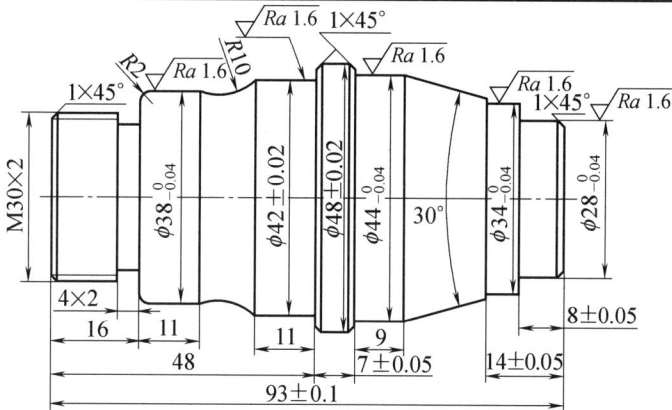

技术要求

1. R不准用样板刀。
2. 不准用锉刀、砂布等修饰加工表面。
3. 锐角倒钝。
4. 未注倒角1×45°。

考件名称	图号	比例	工时定额	毛坯尺寸
训练10	JZSCZ-09	1:1	120min	φ50×95

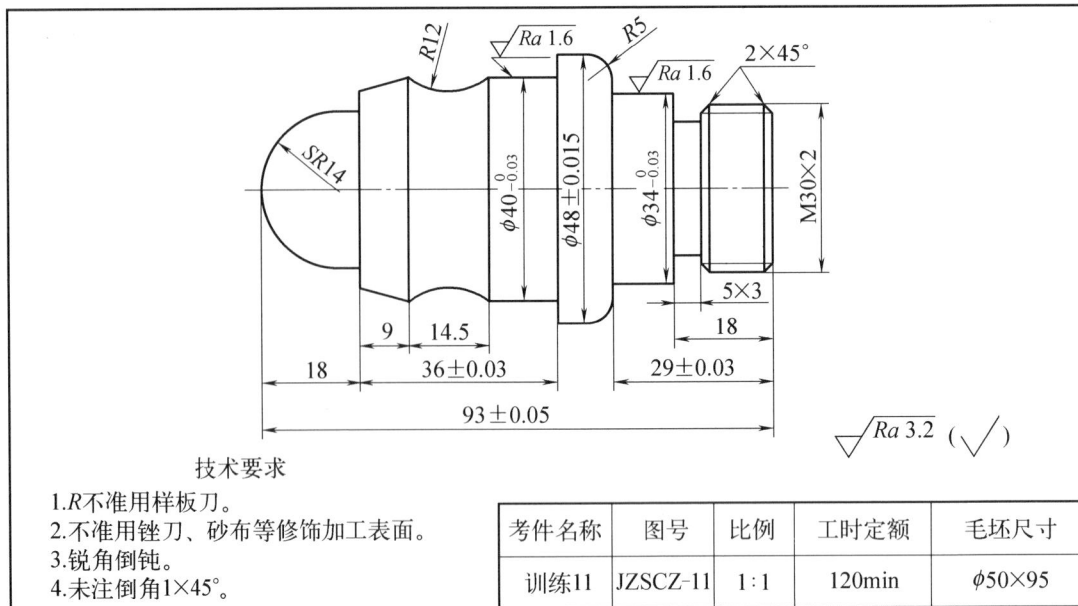

技术要求
1. R不准用样板刀。
2. 不准用锉刀、砂布等修饰加工表面。
3. 锐角倒钝。
4. 未注倒角1×45°。

考件名称	图号	比例	工时定额	毛坯尺寸
训练11	JZSCZ–11	1:1	120min	φ50×95

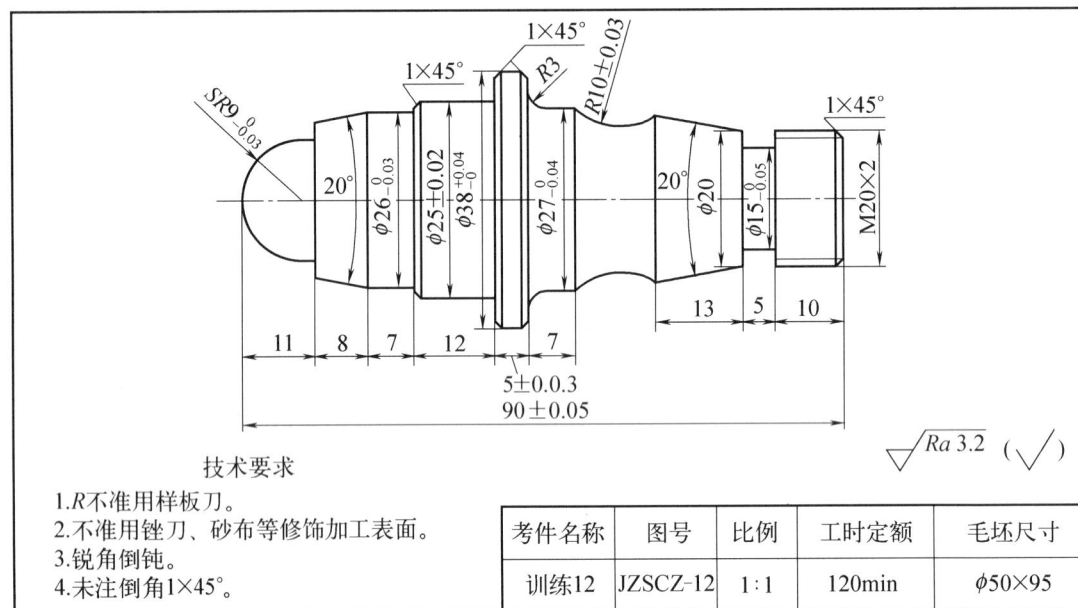

技术要求
1. R不准用样板刀。
2. 不准用锉刀、砂布等修饰加工表面。
3. 锐角倒钝。
4. 未注倒角1×45°。

考件名称	图号	比例	工时定额	毛坯尺寸
训练12	JZSCZ–12	1:1	120min	φ50×95